宇 宙 探 索 大 百 科

星空图鉴

[西]伊格纳西 · 里巴斯/著 战钊 苟利军/译

北半球

图书在版编目（CIP）数据

星空图鉴. 北半球 / (西) 伊格纳西 · 里巴斯著；
战钊, 苟利军译. —成都：天地出版社, 2022.7（2024.3重印）
（宇宙探索大百科）
ISBN 978-7-5455-6939-1

Ⅰ. ①星… Ⅱ. ①伊… ②战… ③苟… Ⅲ. ①天文学
-普及读物 Ⅳ. ①P1-49

中国版本图书馆CIP数据核字(2022)第005366号

Text: Miguel Ángel Pugnaire Sáez
Complementary text and appendix: Luz María Bazaldúa, Gonzalo del Castillo, Fernando García, Alejandro Riveiro de la Peña
Illustration and infographics: Juan William Borrego Bustamante, Felipe García Mora, Mark A. Garlick

著作权登记号　图进字：21-2021-542

XINGKONG TUJIAN:BEIBANQIU

星空图鉴：北半球

出品人	杨　政	**责任编辑**	王　倩　刘桐卓
总策划	陈　德　戴迪玲	**特别审校**	刘文婧
联合策划	北京高朗文化传媒有限公司	**特约编辑**	张天铧　王玮红
作　者	[西] 伊格纳西 · 里巴斯	**装帧设计**	霍笛文　刘　蕊
译　者	战　钊　苟利军	**责任印制**	刘　元
策划编辑	王　倩		

出版发行　天地出版社
（成都市锦江区三色路 238 号　邮政编码：610023）
（北京市方庄芳群园 3 区 3 号　邮政编码：100078）
网　址　http://www.tiandiph.com
电子邮箱　tianditg@163.com
经　销　新华文轩出版传媒股份有限公司

印　刷　北京瑞禾彩色印刷有限公司
版　次　2022 年 7 月第 1 版
印　次　2024 年 3 月第 5 次印刷
开　本　889 mm × 1194 mm　1/16
印　张　5.75
字　数　100 千
定　价　45.00 元
书　号　ISBN 978-7-5455-6939-1

咨询电话：（028）86361282（总编室）
购书热线：（010）67693207（营销中心）

本版图书凡印刷、装订错误，可及时向我社营销中心调换。

不断变化的大熊座

一个未知的星座

大约在 11 万年前，当人类正面临历史上最严酷的冰河时代时，一个未知的星座开始在北半球的天空中显现，这个星座的形状与目前任何可见的星座都不相同。

北半球的天空

几万年前，人类从地球上看到的天空与我们今日所见大不相同。由于恒星的不断运动，我们今天所观测到的星座已经与之前大相径庭。

揭开神秘面纱

作为变化莫测的宇宙的一部分，几千年来，这个未知星座中恒星的位置一直在变化，直到形成人类所知晓的北半球著名的星座：大熊座。

大熊座的形状

大熊座的主体结构由七颗恒星构成。长期以来，它的形状曾被描述为犁、长柄勺等，以便于我们在浩瀚的星空中快速找到它。这张照片拍摄于西班牙拉帕尔马岛的穆查丘斯罗克天文台（Observatorio del Roque de los Muchachos，图中左侧）。

未来的变化

大熊座中各个恒星的位置将继续变化。预计在大约 10 万年后，它在天空中的样子与现在的相比将存在巨大的差异：它的中心部分将更像一支矛的头部。也许那时观测天空的人们看到它时将称呼它为“矛头座”而不再是“大熊座”。

大熊座的未来特征

科学家们对大约 10 万年后大熊座中的每一颗主星相对于其他恒星的位置进行了推算，结果如图。

变化莫测的苍穹

在更遥远的未来，数百万年之后，包含大熊座在内的整片天空中的恒星的位置将完全改变。随着时间的流逝，未来的天空将完全不同于我们最初所观测到的样子。

天空的多样变化

如图所示，在遥远的未来，不仅星座中恒星的位置会发生变化，而且还会伴有一些恒星的死亡，同时有新的恒星出现。

星空图鉴：北半球

· 目 录

北半球简图

瑞士阿尔卑斯山夏季月食期间的夜空全景

北半球的恒星和星团

北半球的星云

北半球的星系

附　录

北半球简图

以距离地球自转轴最近的北极星作为参照物，可以在北半球夜空中观测到一些十分受欢迎的星座，如小熊座和大熊座，这些星座可以在不同的观测站被观测到。

左图：图像的右边是大熊座

北半球的星座

星座是由聚集在一片区域内的恒星组成的，由这些恒星的排布构成了特定的形状而被称为星座。大多数北半球的星座的划分及命名均起源于古希腊。

一直以来，人类社会中流行的各种文化都认为有必要将天空中的星星进行划分，一些是基于农业的考量，另外一些则仅仅是为了解释某些看起来神圣的现象。大多数北半球的星座是在公元 2 世纪由希腊天文学家克罗狄斯 · 托勒密（Claudius Ptolemy）定义的，同时，一些更早的文明，如埃及或美索不达米亚，也留下了许多关于星座的记录。

变换的天空

由于地球的自转，北半球的天空似乎是围绕着北极星附近的一个点进行逆时针旋转，这个点与北天极重合，即投影轴从南向北穿过行星的确切位置。此外，由于地球的自转，星座也会以一年为周期彼此交替，这使得人们可以根据时间来观测夜空中的各种天体。

北极振荡

地球的轴线与太阳的轴线并不完全平行，而是有一个大约 23.44° 的倾角，这便是季节更替的原因。由于地球的运动，轴的方向会像一个陀螺一样发生改变。因此，北极圈的天体将以 25 772 年的周期沿天空移动：在 15 000 年后，“北极星”的称号将属于天琴座（Lyra）的织女星（Vega）。

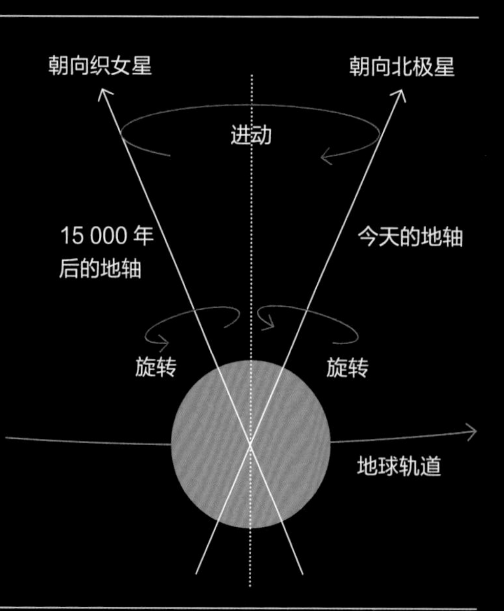

北半球星空图

这张星空图展示了北半球的星座。横穿整个半球的灰色带是银河。

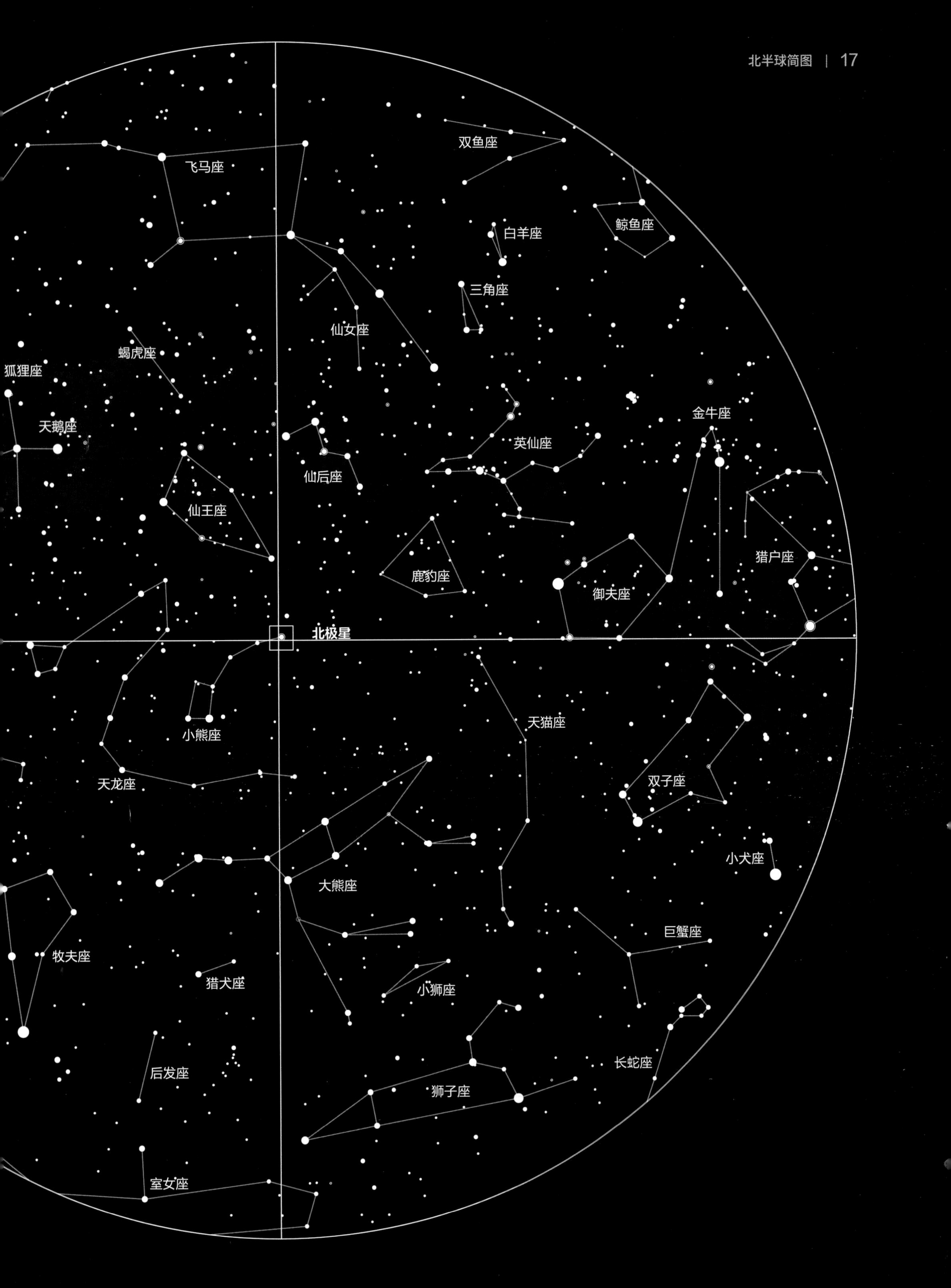
双鱼座
飞马座
鲸鱼座
白羊座
三角座
仙女座
蝎虎座
狐狸座
天鹅座
金牛座
英仙座
仙后座
仙王座
鹿豹座
猎户座
御夫座
北极星
天猫座
小熊座
双子座
天龙座
小犬座
大熊座
巨蟹座
牧夫座
猎犬座
小狮座
长蛇座
后发座
狮子座
室女座

春季的天空

以大熊座为参照物可以定位大多数星座。春季的北半球有一些用望远镜就可以观测到的令人印象深刻的星系。

在春季的北半球，银河系旋臂并不妨碍对遥远天体的观测，因此每年的这个季节是可以定义星系的时候。这些星系在室女座、狮子座（都位于黄道）或后发座中尤为丰富。在高高的天空中，大熊座的尾巴指向北半球天空第三亮的恒星——大角星（Arcturus）。在希腊神话中，这是牧夫座的主星，负责让牧夫座的两头牛拖着天空绕着北极星旋转。

神话英雄

另一个关于北半球天空的神话人物是大力神赫拉克勒斯（Hercules），武仙座就是以他的名字命名的。这个星座以其星群中最明亮的球状星团——武仙大星团（M13）而闻名。离银河系更近的是蛇夫座，它的恒星亮度虽不出众，却因具有大量的暗星云和球状星团而引人注目。

春季的星座

在春季天空中可以轻易找到的最明亮的恒星是牧夫座的大角星和构成大熊座的恒星。

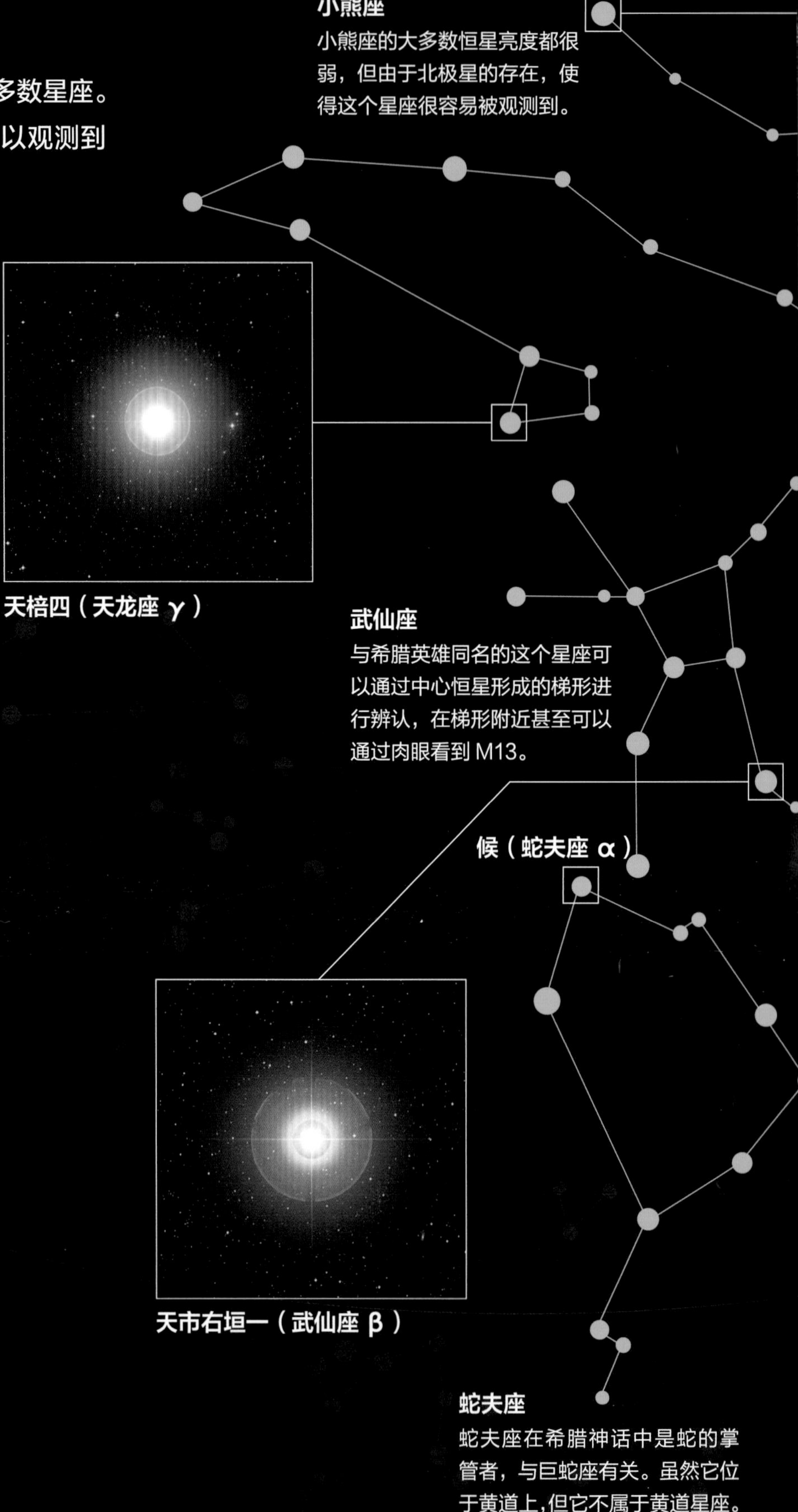

天棓四（天龙座 γ）

天市右垣一（武仙座 β）

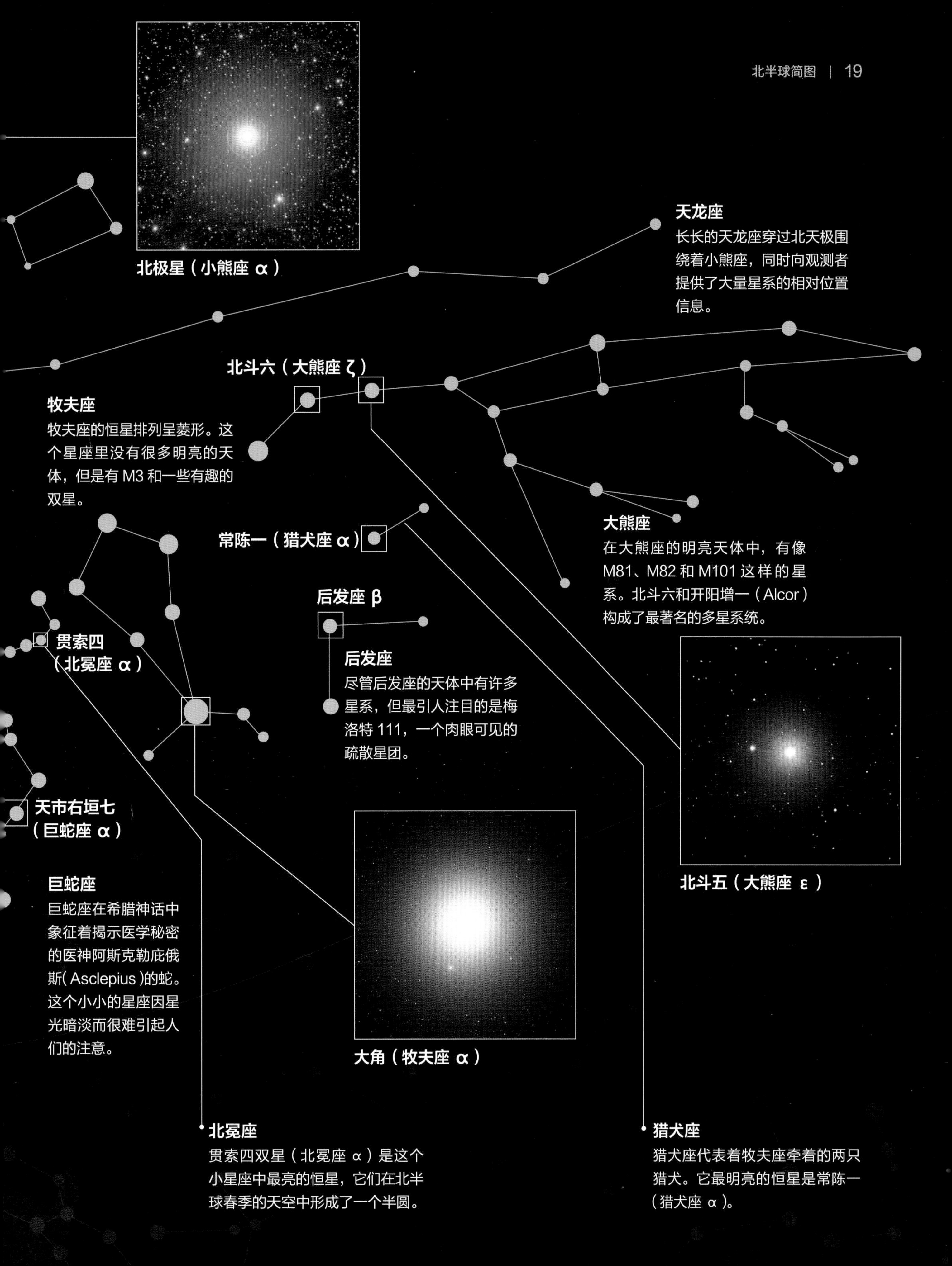
北极星（小熊座 α）
天龙座
长长的天龙座穿过北天极围绕着小熊座，同时向观测者提供了大量星系的相对位置信息。
北斗六（大熊座 ζ）
牧夫座
牧夫座的恒星排列呈菱形。这个星座里没有很多明亮的天体，但是有 M3 和一些有趣的双星。
常陈一（猎犬座 α）
大熊座
在大熊座的明亮天体中，有像 M81、M82 和 M101 这样的星系。北斗六和开阳增一（Alcor）构成了最著名的多星系统。
后发座 β
贯索四（北冕座 α）
后发座
尽管后发座的天体中有许多星系，但最引人注目的是梅洛特 111，一个肉眼可见的疏散星团。
天市右垣七（巨蛇座 α）
北斗五（大熊座 ε）
巨蛇座
巨蛇座在希腊神话中象征着揭示医学秘密的医神阿斯克勒庇俄斯（Asclepius）的蛇。这个小小的星座因星光暗淡而很难引起人们的注意。
大角（牧夫座 α）
北冕座
贯索四双星（北冕座 α）是这个小星座中最亮的恒星，它们在北半球春季的天空中形成了一个半圆。
猎犬座
猎犬座代表着牧夫座牵着的两只猎犬。它最明亮的恒星是常陈一（猎犬座 α）。

夏季的天空

夏季的北半球天空中有一个以三颗星构成的三角形，三个顶点分别为织女星、牛郎星和天津四。我们可以根据这个典型的三角形辨别其附近的其他星座。

在夏季的天空中，银河系里散落着大量天体，使得银河看上去就像是一条横穿天际的模糊光带。在天鹰座的南部，明亮的星系和隐藏着恒星的暗星云之间形成了强烈的对比。我们仅通过几架小型双筒望远镜就足以在这片区域发现数百个疏散星团和星云。

蝎虎座 α

蝎虎座

这个星座因其恒星亮度很微弱而不易被识别，同时里面还隐藏着一些小型望远镜无法观测到的疏散星团。

夏夜大三角

当我们在夜晚抬头仰望天空时，第一眼看到的就是三颗闪耀着光芒的星星，这三颗星星在满天繁星的夜空中形成了一个三角形。其中最亮的是织女星，它是天琴座的主星，也是 M57 行星状星云或环星云的所在地。另外两个顶点分别是天鹰座的牛郎星（三角形中第二亮的恒星）及天鹅座的天津四，天鹅座中有许多隐藏的疏散星团和明亮的双星，例如天空中最著名的双星辇道增七（天鹅座 β）。

海豚座

海豚座的天体中包含一些行星状星云和遥远的球状星团，例如 NGC 7006。

天箭座

天箭座是天空中最小的星座之一，它位于夏夜大三角的中间，并呈现出一个典型的箭头形状。

星光灿烂的夏季

夏季的天空通常是宁静且没有云彩的，但密布的点点繁星可能会令辨别方向变得困难。

天津四（天鹅座 α）

天鹅座

天鹅座像是一只在深空天体中展开翅膀的迷人天鹅，这些天体包括辇道增七、帷幕星云（Veil Nebula）和 NGC 6826（也称眨眼星云）。

织女星（天琴座 α）

天琴座

以闪亮的织女星为主，天琴座还有一些有趣的多星和深空天体，如 M56 和 M57。

辇道增七（天鹅座 β）

瓠瓜一（海豚座 α）

天箭座 γ

天鹰座

这个星座有着丰富的暗星云，这些暗星云覆盖了天鹰座的整个范围，其中大多数暗星云可以用双筒望远镜观测到。

狐狸座

它位于天箭座和海豚座的北部。在这张狐狸座图片的顶部，我们可以看到其中最亮的恒星：红巨星齐增五，也就是在那里发现了第一个脉冲星 PSRB1919+21。

齐增五（狐狸座 α）

牛郎星（天鹰座 α）

秋季的天空

在秋季天空的众多深空天体中，不仅有明亮的疏散星团和星系，还有许多有趣的行星状星云。

鹿豹座

鹿豹座由亮度微弱的恒星组成，于 17 世纪为人所知。这片区域包含丰富的星系。

秋季的天空中布满具有神话色彩的星座，以英仙座或仙女座为主角，再把各个星座联系起来，就可以构建一部部壮丽的史诗。在天空的正上方有一个由飞马座的主要恒星构成的四边形，我们可以轻松地在漫天星座中快速找到它。仙后座的明亮星群中有许多疏散星团，在仙后座与英仙座之间的中心位置，肉眼可以看到一个模糊且细长的星点：英仙座的双星团。

天船三（英仙座 α）

公主和海怪

仙女座以 M31 而闻名，M31 是天空中最著名的旋涡星系，自古以来就为人所知。尽管我们与它之间隔着大约 250 万光年的巨大距离，但仍然可以通过肉眼看到它是一个椭圆形的斑点。另一边，如同要吞噬仙女座的鲸鱼座正潜伏在天空最南端，这个星座拥有天空中有趣的变星之一——刍藁增二（鲸鱼座 o），这实际上是一个双星系统。

刍藁增二（鲸鱼座 o）

指引方向的四边形

飞马座大四边形是由与星座同名的四颗恒星组成，在秋季的天空中起指引作用。

仙后座

仙后座在希腊神话中是埃塞俄比亚的女王，它包含了几十个有趣的疏散星团，与大熊座遥遥相对，在北极星的一边。

仙王座

仙王座的恒星排列成了一个房子的形状，里面有疏散星团和与银河系重叠的弥漫星云。

鹿豹座 β

仙后座 γ

天钩五（仙王座 α）

仙女座

这个星座在飞马座的一个顶点上。它的受欢迎要归功于仙女星系 M31。

三角座 β

壁宿二

英仙座

大陵五（英仙座 β）是一颗亮度变化很大的恒星，在希腊神话中这颗恒星是英雄珀尔修斯（Perseus）从海怪手中拯救安德洛墨达公主后，手中提着的美杜莎头颅上的魔眼。

三角座

这个呈三角形的小星座的形状很容易辨认，它有一个组成本星系群的大星系 M33。

危宿三（飞马座 ε）

飞马座

飞马座主要依靠星座中心的四边形进行辨认。球状星团 M15 和星系 NGC 7331 是飞马座中著名的两个天体。

天仓一（鲸鱼座 ι）

鲸鱼座

这个星座是许多星系的家园。其中最引人注目的是位于鲸鱼座中的明亮的 M77，其内部有一个超大质量黑洞。

冬季的天空

猎户座是无可争议的冬季之王。在冬季的夜空中有光彩夺目的明亮恒星和一些天文爱好者最熟悉的天体，如猎户座星云和昴星团。

任何一个在冬季观测天空的人，都会将目光投向猎户座。在那里，组成猎户腰带的三颗恒星——参宿一、参宿二和参宿三——都是有几百万年星龄的年轻蓝色恒星。腰带下面是 M42，也就是众所周知的猎户座大星云，这也是天文爱好者用望远镜就能看到的壮观景象之一。天狼星位于猎户座的南部，是天空中最明亮的恒星，浸没在呈乳白色的明亮银河中。

冰冷的恒星

双子座拥有明亮的恒星北河二和北河三，以及引人注目的行星状星云。而御夫座则拥有丰富的疏散星团和延展的弥漫星云，并以其多边形形状和闪耀淡黄色光芒的主星五车二而闻名。长蛇座是天空中最长的星座之一，主要分布在春季的天空中。

清澈的天空

在邻近猎户座的星座中找到方向并不困难，因为有许多明亮的恒星可以作为参照物。

天猫座 α

星宿一（长蛇座 α）

长蛇座

长蛇座是天空中最大的星座。它容纳了大量的深空天体，如 M83，却没有任何耀眼的恒星。

五车二（御夫座 α）

天猫座
天猫座缺乏明亮的恒星导致它不是很容易被定位。它包含了距离太阳系大约 30 万光年被称为“星系际流浪者”的球状星团 NGC 2419。

御夫座
希腊神话中这个星座是是驾驶马车的人。M36、M37 和 M38 是御夫座中散布在恒星之间的明亮的疏散星团。

参宿四（猎户座 α）

小犬座
小犬座最亮的恒星南河三距离太阳系只有 11.4 光年，是离太阳系最近的恒星之一。

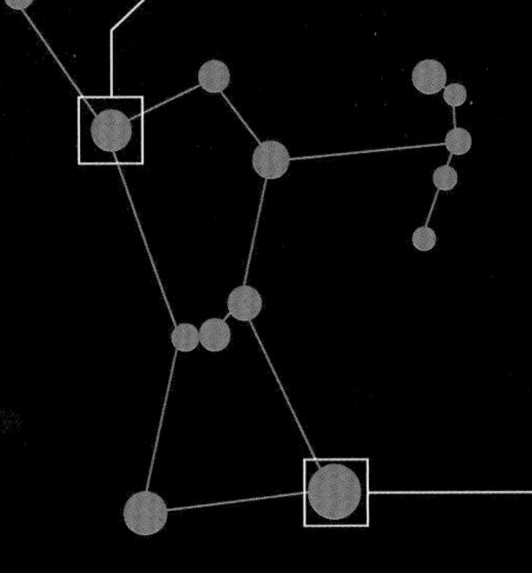

参宿七（猎户座 β）

猎户座
猎户座在天空中很容易被辨别出来，这要归功于它明亮的星带以及参宿七和参宿四的强烈光芒。

南河三（小犬座 α）

角宿一（室女座 α）

宝瓶座
这个秋季的星座是一些特别有趣的天体的所在地，如球状星团 M2 和行星状星云螺旋星云。

虚宿一（宝瓶座 β）

垒壁阵四（摩羯座 δ）

摩羯座
在希腊神话中，阿玛耳忒亚（Amalthea）是一种半山羊半鱼的生物，曾在宙斯还是婴儿时负责守护他。作为感谢，它被放置在天空中成为摩羯座。

人马座
人马座的后面是银河系的核心，这也是它拥有大量星云和星团的主要原因。

箕宿三（人马座 ε）

天秤座
天秤座曾经是天蝎座蝎子钳的一部分。它有一些遥远的球状星团和几个星系，但深空天体相对贫乏。

氐宿四（天秤座 β）

心宿二（天蝎座 α）

天蝎座
天蝎座最亮的恒星心宿二（天蝎座 α），这是一颗距离太阳大约 550 光年，直径大约为太阳 900 倍的红巨星。

室女座
在这个星座中可以看到成千上万的星系。其中最引人注目的是室女星系团，它容纳了 2 000 多名成员，距离我们最远的可达 6 000 万光年。

黄道星座

黄道十二宫的 12 个星座位于太阳穿过天空的一条假想线上，这条曲线构成了环绕地球的最大圆。

黄道是从地球上观测到的太阳在天空中的运行轨迹。太阳每天大约移动 1°，并在 365.25 天内转完一圈，这相当于地球一年的长度。太阳系中所有行星的轨道在太阳周围形成一个圆盘，因此所

狮子座
在众多的星系中，构成狮子座的三重星系最为突出：M65、M66 和 NGC 3628。

北河二（双子座 α）

金牛座
金牛座最亮的恒星是毕宿五。1054 年，在金牛座的一个角附近，发现了一颗超新星，产生了 M1，即蟹状星云。

白羊座
白羊座是仙女座附近的一个小型的秋季星座，拥有许多有趣的星系和双星，例如娄宿二（白羊座 γ）。

娄宿三（白羊座 α）

右更二（双鱼座 η）

柳宿增十（巨蟹座 β）

双子座
双子座最明亮的恒星，北河二和北河三，在希腊神话中象征着被变成天鹅的宙斯所诱惑的勒达生下的双胞胎孩子的两个头。双子座也是 NGC 2392（爱斯基摩星云）的所在地。

巨蟹座
尽管巨蟹座的恒星很暗，但由于其中心区域具有明亮的疏散星团 M44，也就是众所周知的蜂巢星团，使得它仅通过肉眼就能被轻易辨认出来。

双鱼座
古希腊人认为双鱼座是被一根绳子绑在一起的两条鱼：M74 星系以两条突出的旋臂在双鱼座的恒星中脱颖而出。

轩辕十四（狮子座 α）

北河三（双子座 β）

毕宿五（金牛座 α）

黄道星座

黄道星座是太阳在宇宙中运行的轨迹上的星座。几千年来，这些星座一直被用来预测未来可能发生的事件和灾难，是占星术的基石。有些星座，如人马座或天蝎座，富含各种星云和星团，而另一些星座，如室女座和狮子座，则富含星系。

天空中的路径

黄道星座排列在黄道上，形成一条行星和太阳以一年为周期的运行路径。室女座和图中右侧的星座位于北半球的天空。

银河系旋臂

地球和太阳系位于银河系的猎户臂上，在人马臂和英仙臂之间。它们在北半球的春季和夏季以及银河系中心都可以看到。

太阳系位于银河系中一片充满天体的区域，距离银河系核心大约 27 500 光年。我们的星系有两条主旋臂，它们起源于星系的中心，当它们向星系外围移动时形成一个螺旋。其中，人马臂最靠近银河系中心，其次是英仙臂。太阳系位于两者之间一个距银河中心大约 10 000 光年的小旋臂上，即猎户臂。猎户臂充当了两条主旋臂之间的桥梁。因此，在一年中的不同时间都可以从地球上看到两条旋臂。

螺旋动力学

旋臂是星系中密度较高的区域，这种特性有利于分子云的凝聚，从而形成年轻的恒星。由于这个原因，星系旋臂富含星云和新恒星，这些特征可以通过观测与我们不同的星系得到证实。

可见区域

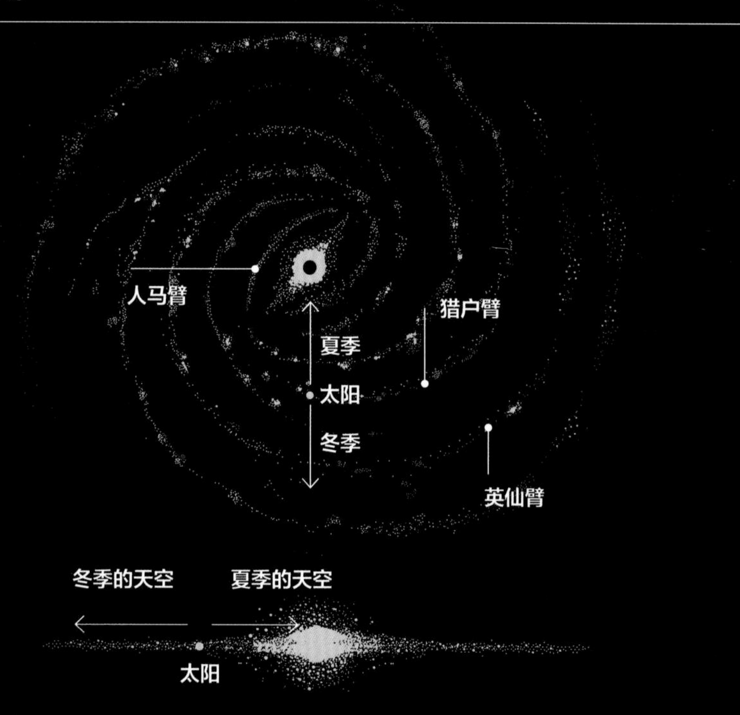

当我们在夏季的天空中观测银河系的光带时，我们实际上是在直视银河系核心后面的人马臂，因为它的厚度和亮度更大。另外，从秋末到冬季的天空则由英仙臂主宰，它向我们展示了星系中与核心相反的一部分，其中完全相反的点位于金牛座的反银心。

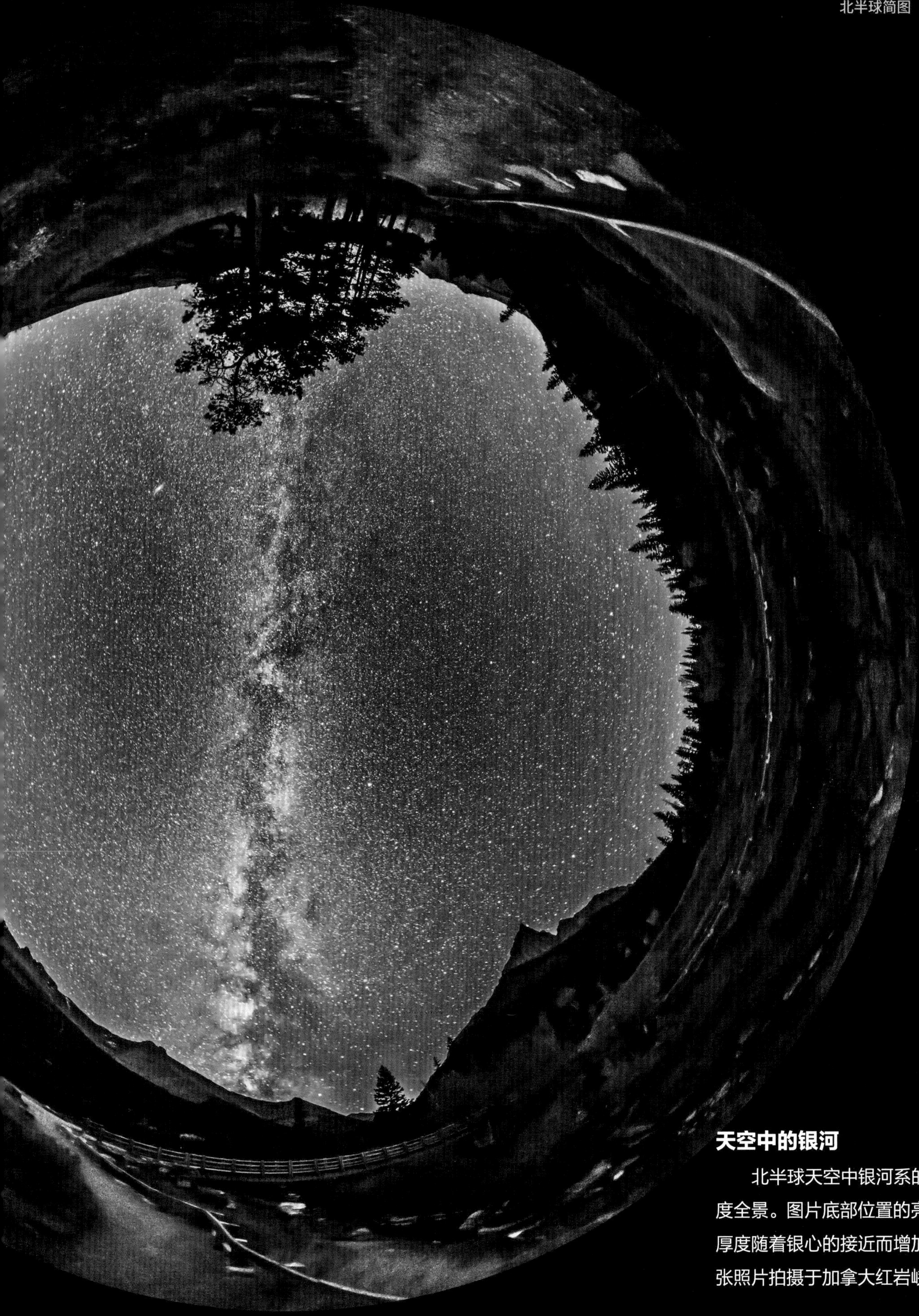

天空中的银河

北半球天空中银河系的 360 度全景。图片底部位置的亮度和厚度随着银心的接近而增加。这张照片拍摄于加拿大红岩峡谷。

北半球的恒星和星团

北半球聚集了大量可见的星团。球状星团中最有名的是武仙大星团 M13，同时，金牛座和蛇夫座也有几十个明亮的星团。昴星团、毕星团和鬼星团是比较有名的疏散星团。

左图：位于巨蛇座的 M5 球状星团

北极星

数千年来，所有恒星似乎都围绕着北天极（即地球自转轴的延伸）旋转并改变着位置，现在北天极的标志是一颗著名的恒星：北极星。

地球绕地轴自转的旋转运动决定了恒星和天体似乎也从西向东运动。从北半球看，整个天空似乎围绕着北天极旋转，这其中包括勾陈一（小熊座 α），也就是众所周知的北极星。北极星并不是北极的确切位置，而是位于北极 50 角分之外的距离，肉眼几乎无法分辨出这一差异。

向北移动

事实上，北极星并不总是与北天极完全重合。由于地轴的缓慢运动，北天极也在逐渐变化。大约 2 000 年前，北极星位于天龙座，而现在它正逐渐向仙王座移动。大约 1.5 万年后，天琴座的织女星将经过今天北极星所在的位置，并以每 25 772 年为一个周期重复经过一次。

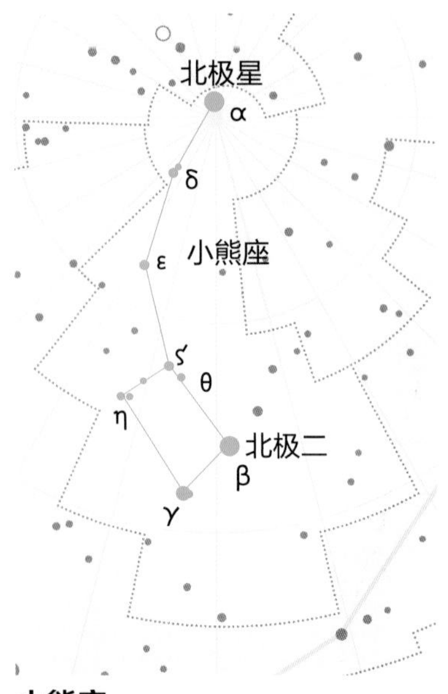

小熊座

北极星是小熊座的一部分，小熊座有七颗最亮的恒星，与大熊座的主要组成部分相似。

显而易见的转动

在这张于中国羊卓雍措拍摄的绕极照片中，我们可以看到恒星围绕着北天极运动，是北极运动中心的一个稳定点。

三星系统

北极星实际上是一个距离太阳447 光年的三星系统。它的主星北极星 A 是一颗黄巨星。随着光谱分析法的发展，一个离北极星非常近，近到难以察觉的低质量恒星才被发现，它就是北极星 Ab，它离北极星 A 的距离只有 18.5 个天文单位。最远的恒星是北极星 B，这是一颗太阳型恒星，用小型望远镜就能观测到。北极星 B 距离北极星 A 大约 2 400 个天文单位，绕着北极星A 转一圈需要数千年的时间。

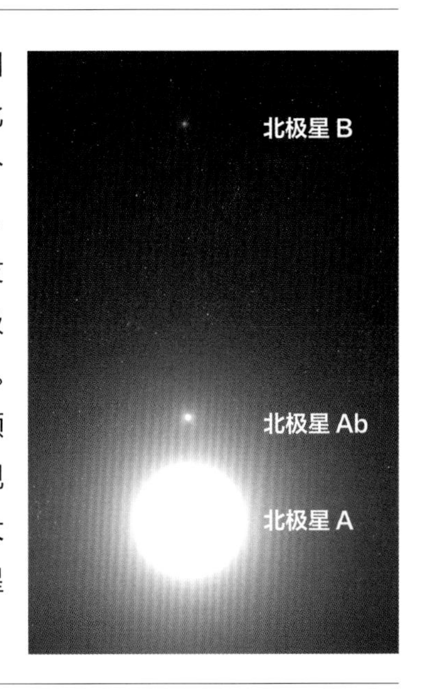

在天球上的位置

北极星在地平线上的高度相当于所处观测地点的纬度。因此，一个位于地球北极（纬度 90°）的观测者头顶上便是北极星，与地平线成直角。

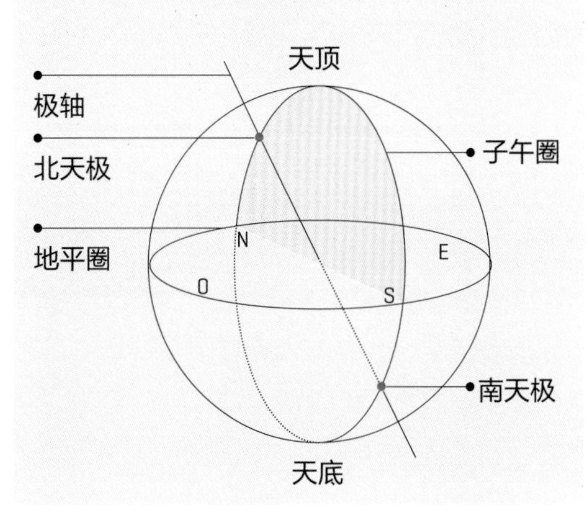

毕宿五和其他红巨星

红巨星是低质量或中等质量的恒星在其核内的氢消耗完后引发氦聚变时，外部区域膨胀表面温度却降低时期的恒星。

太阳型恒星在其核内进行了数十亿年的氢聚变。一旦氢燃料耗尽，氦就会取而代之成为主要元素，但其燃烧温度不足以开始新的聚变。随后，核心在引力的作用下收缩，加热外部氢壳层，使得氢壳层开始燃烧。在这个时候，恒星的外部区域会膨胀到原来直径的几十倍，并逐渐冷却，呈现出微红色。

太阳的命运

位于金牛座的毕宿五（金牛座 α）是北半球最著名的红巨星之一。太阳将在大约 50 亿年后经历类似的过程，届时太阳的外层将淹没地球的轨道。随后，一个行星状星云将形成，太阳的核心将变成一颗白矮星。

恒星	星座	与太阳的半径比
奎宿九	仙女座	100
室宿二	飞马座	95
天囷一	鲸鱼座	89
中台二	大熊座	75
北冕座 ν^1	北冕座	67
梁（蛇夫座 δ）	蛇夫座	59
东次相（室女座 δ）	室女座	48
毕宿五	金牛座	44
齐增五	狐狸座	42
井宿一	双子座	30

红巨星的结构

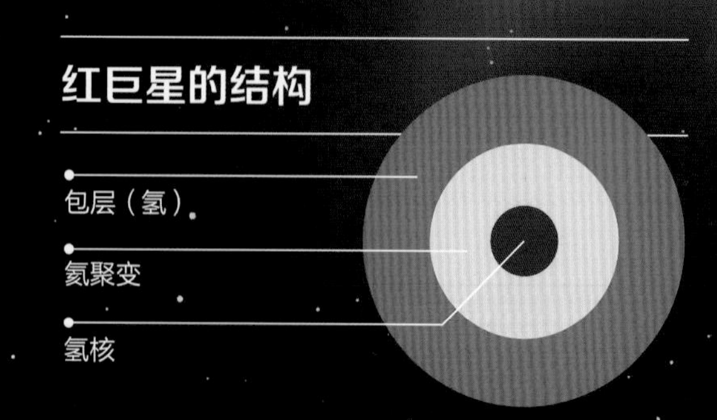

最初，核心的氢聚变形成氦，其余的氢则留在最外层。而后来，随着外层核聚变的不断进行，更多的氦增加到了核心，核心再次收缩，温度上升，致使中心的氦也开始聚变。

炽热的巨星

这张图片是对毕宿五的艺术再现，可以看到随着毕宿五体积的增大，恒星产生的强风会把大量的表层物质吹散。

毕宿五和毕星团

图像的顶部是红巨星毕宿五，右边伴随着一簇疏散星团——毕星团。毕宿五不属于星团，因为它离地球更近。

相较于太阳

毕宿五的直径大约是太阳直径的 44 倍，这意味着它的轨道长度将远远超过水星；此外，这颗红巨星的规模将在不久的将来继续扩大。相反，它的表面温度大约为 3 900 开尔文，而太阳的表面温度大约为 5 800 开尔文。

夏夜大三角

夏夜大三角是天文学爱好者观测最多的天体区域之一，因为这里面隐藏着成百上千个用任何尺寸的望远镜都能观测到的天体。

夏夜大三角是由织女星、牛郎星和天津四这三颗明亮的恒星囊括的夏季星群，这三颗恒星分别属于天琴座、天鹰座和天鹅座。夏夜伊始，位于天顶的大三角因汇集了许多迷人的天体而引起了观测者极大的兴趣。我们可以用肉眼和不同口径的仪器去欣赏这些天体。银河中天体较密集和较丰富的区域之一也穿过了这片三角区域；然而由于附近暗星云的存在，使得它的轮廓模糊不清。

多彩的星云

夏夜大三角还有很丰富的发射星云，尤其是在天鹅座之内，但要区分这些星云，必须在天空非常黑暗的情况下，或者使用特殊的望远镜滤镜进行观察。这些方法对于观测北美星云（NGC 7000）同样是有效的。这片区域的任何一个点上都有许多疏散星团和双星，以及壮观的行星状星云，如天琴座的环状星云（M57）和狐狸座的哑铃星云（M27）。

IC 1318
这个发射星云占据了天空的很大一部分，被一个明显的、细长的暗星云分成两部分。

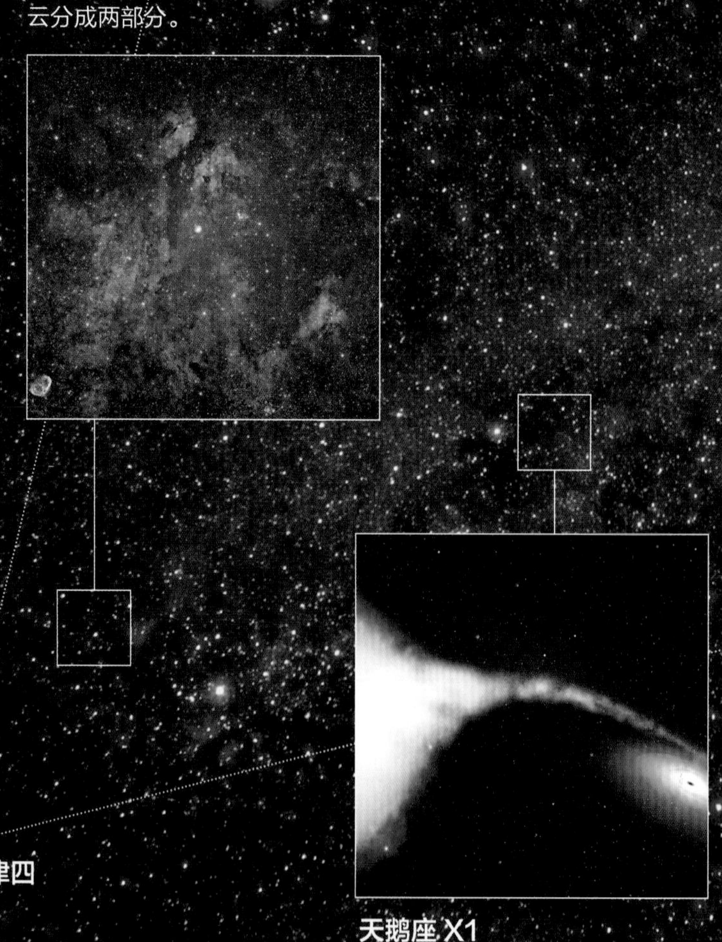

天鹅座 X1
产生自黑洞的 X 射线源，与一颗巨大的蓝色恒星相互作用形成一个双星系统。

NGC 7000
北美星云是一片距离太阳大约 2 000 光年的恒星形成区域，邻近恒星天津四。

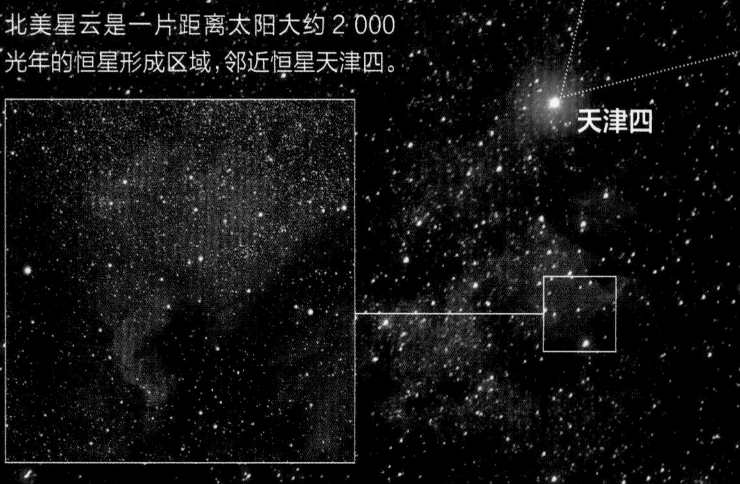

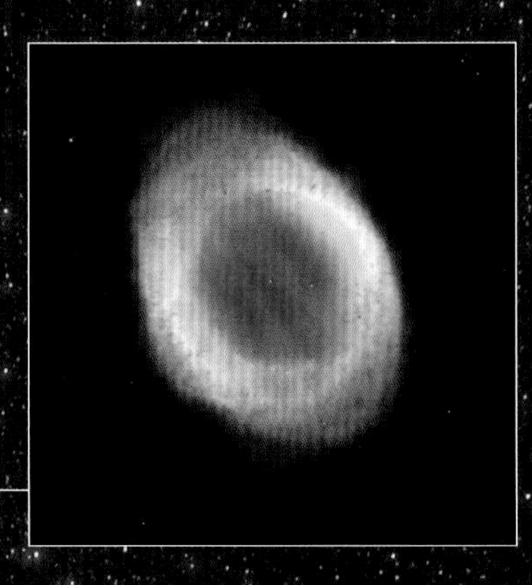

环状星云

M57 行星状星云距离太阳系大约 2 300 光年。大多数望远镜都很难做到对其中心白矮星的观测。

哑铃星云

M27 是一个奇特的行星状星云，其双极结构形似哑铃。它距离太阳系有 1 300 光年多一点。

M71

这个球状星团的恒星密度特别低，它的恒星大约有 100 亿年的历史。

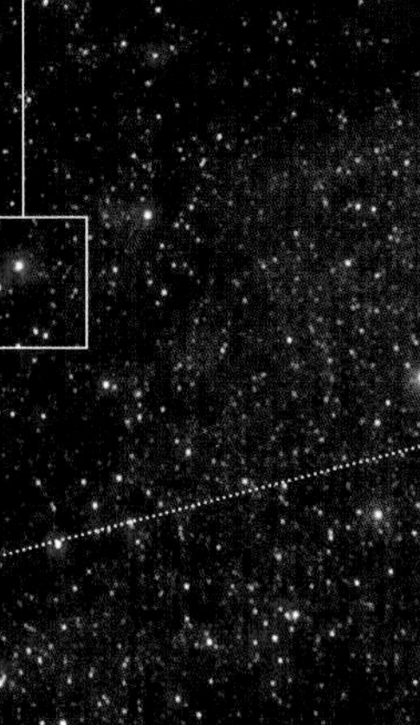

牛郎星

卵形星云

这是一个原行星状星云，是行星状星云形成之前的一个阶段，中心恒星在这个阶段还没有电离周围的气体。

大三角内部

这张照片突出了夏夜大三角区域一些最受关注的天体。这是一个可以在天空中以织女星、牛郎星和天津四为顶点进行绘制的虚构几何图形。

变星

北半球天空中种类繁多的变星给观测者留下了深刻的印象，其中最引人注目的是大陵五和仙王座 δ，后者因被用来计算距离而十分著名。

并不是所有的恒星都有恒定的亮度：事实上，大多数恒星在生命的不同时期都会经历亮度的变化，这些变化从地球上就可以观测到。北半球的天空中有一些历史上引人注目和重要的变星。例如，在 3 000 多年前的古埃及文献中就出现了双星系统大陵五周期性地发生掩食的记载。

造父变星

在固有的变星中，也就是那些经历与内部过程相关的亮度变化的恒星中，造父变星最为著名。它以其原型仙王座 δ 命名，它的光变特性使我们能够知道我们与其他星系之间的巨大距离。其中之一，鲸鱼座的刍藁增二呈现出巨大的亮度变化。这使得它可以通过肉眼观测的时间长达几个月，而在它亮度最弱的阶段则需要通过望远镜进行观测。

恒星	星座	星等
参宿四	猎户座	0~1.3
刍藁增二	鲸鱼座	2~10
大陵五	英仙座	2.1~3.4
贯索四	北冕座	2.2~2.3
飞马座 β	飞马座	2.3~2.7
帝座	武仙座	2.7~4
天琴座 β	天琴座	3.2~4.3
天鹅座 χ	天鹅座	3.3~14.2
英仙座 ρ	英仙座	3.3~4.3
仙王座 δ	仙王座	3.4~4.3

大陵五

每隔 70 个小时，这张图片顶部的大陵五的亮度就会急剧下降，并保持最小值 2 个小时。

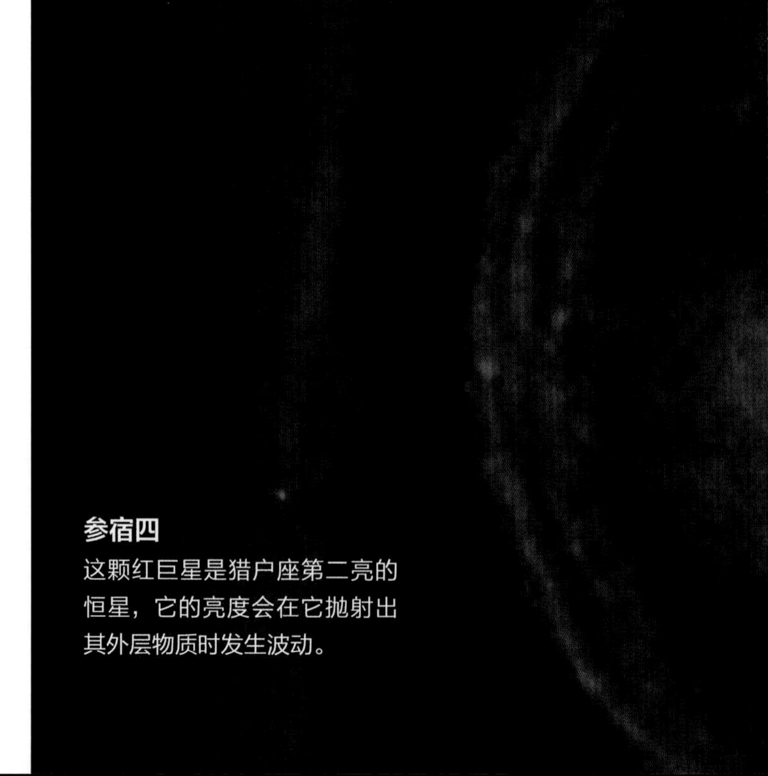

参宿四

这颗红巨星是猎户座第二亮的恒星，它的亮度会在它抛射出其外层物质时发生波动。

恒星掩食

食变星会呈现稳定的亮度，直到双星系统中较暗的恒星掩食了它的伴星，然后总亮度就会急剧下降。英仙座的大陵五和天琴座的渐台二是两个最著名的食双星，它们的亮度变化可以通过肉眼观测到。

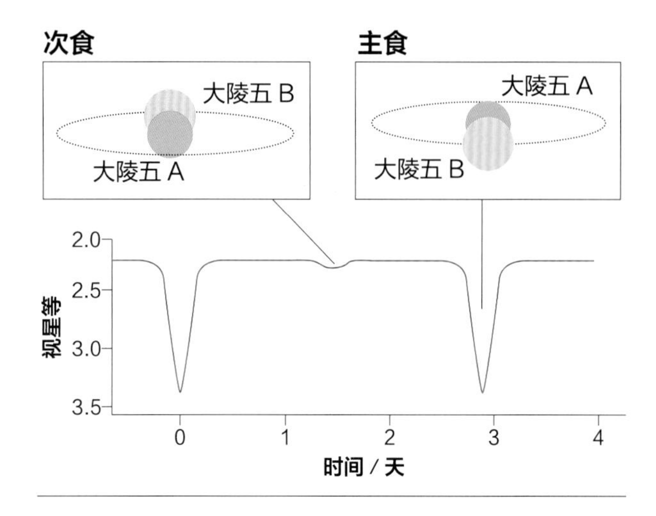

恒星的脉动

有些恒星，如脉动变星，其亮度会因外层的膨胀和收缩发生振荡。当恒星收缩时，它的亮度会降低，并伴有温度的升高：如这张图所示的恒星天鹅座 χ。

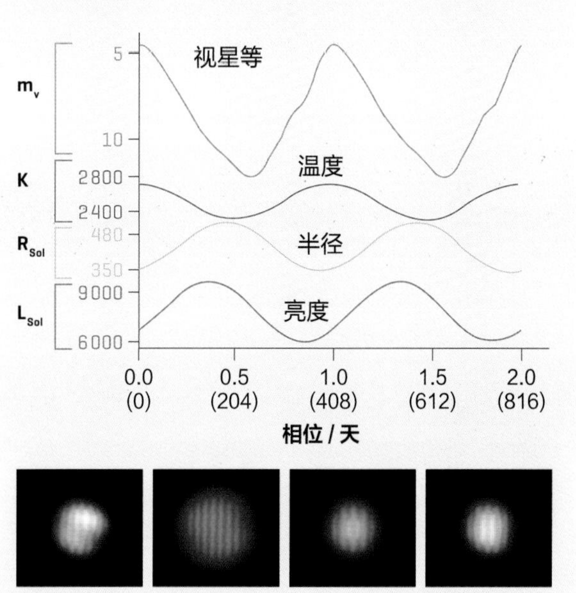

北半球的邻近恒星

太阳系附近的绝大多数恒星都是红矮星，尽管它们的亮度很低，却是星系中最丰富的恒星类型。从北半球来看，我们附近最亮的恒星是南河三 A。

在太阳系附近，恒星之间的平均距离通常在 4 ~ 10 光年。离我们最近的是只在南半球可见的半人马座比邻星。然而，尽管在北半球的天空中也有大量的邻近恒星，但由于它们的亮度太弱而并没有得到特别的关注。其中最引人注目的是位于小犬座的南河三 A。它的视星等为 0.34，距离我们只有 11 光年多一点。

红矮星星族

除了天狼星、半人马座比邻星、鲸鱼座 τ（从南半球可见）、南河三和天鹅座 61，这些离太阳近的恒星大多数都是红矮星。这些小恒星的有效温度较低（低于 4 000 开尔文），亮度较弱。用普通望远镜观测它们没有太大困难，而且由于它们离得很近，相对于其他较远的恒星，它们的快速运动可以被轻松地观测到。

恒星	星座	距离太阳系 / 光年	类型
巴纳德星	蛇夫座	5.95	红矮星
沃尔夫 359	狮子座	7.86	红矮星
拉兰德 21185	大熊座	8.31	红矮星
罗斯 248	仙女座	10.29	红矮星
罗斯 128	室女座	11.03	红矮星
天鹅座 61A	天鹅座	11.41	橙矮星
天鹅座 61B	天鹅座	11.41	橙矮星
南河三 A	小犬座	11.46	黄白色伴星
南河三 B	小犬座	11.46	白矮星
斯特鲁维 2398A	天龙座	11.48	红矮星
斯特鲁维 2398B	天龙座	11.48	红矮星
格鲁姆布里奇 34A	仙女座	11.62	红矮星
格鲁姆布里奇 34B	仙女座	11.62	红矮星
巨蟹座 DX	巨蟹座	11.80	红矮星
鲁坦星	小犬座	12.20	红矮星
蒂加登星	白羊座	12.58	红矮星
克鲁格 60A	仙王座	13.18	红矮星
克鲁格 60B	仙王座	13.18	红矮星
沃尔夫 424A	室女座	14.30	红矮星
沃尔夫 424B	室女座	14.30	红矮星

太阳的伴星

这张图表显示了北半球离太阳最近的恒星。第一颗用视差法测量距离的恒星是天鹅座 61。

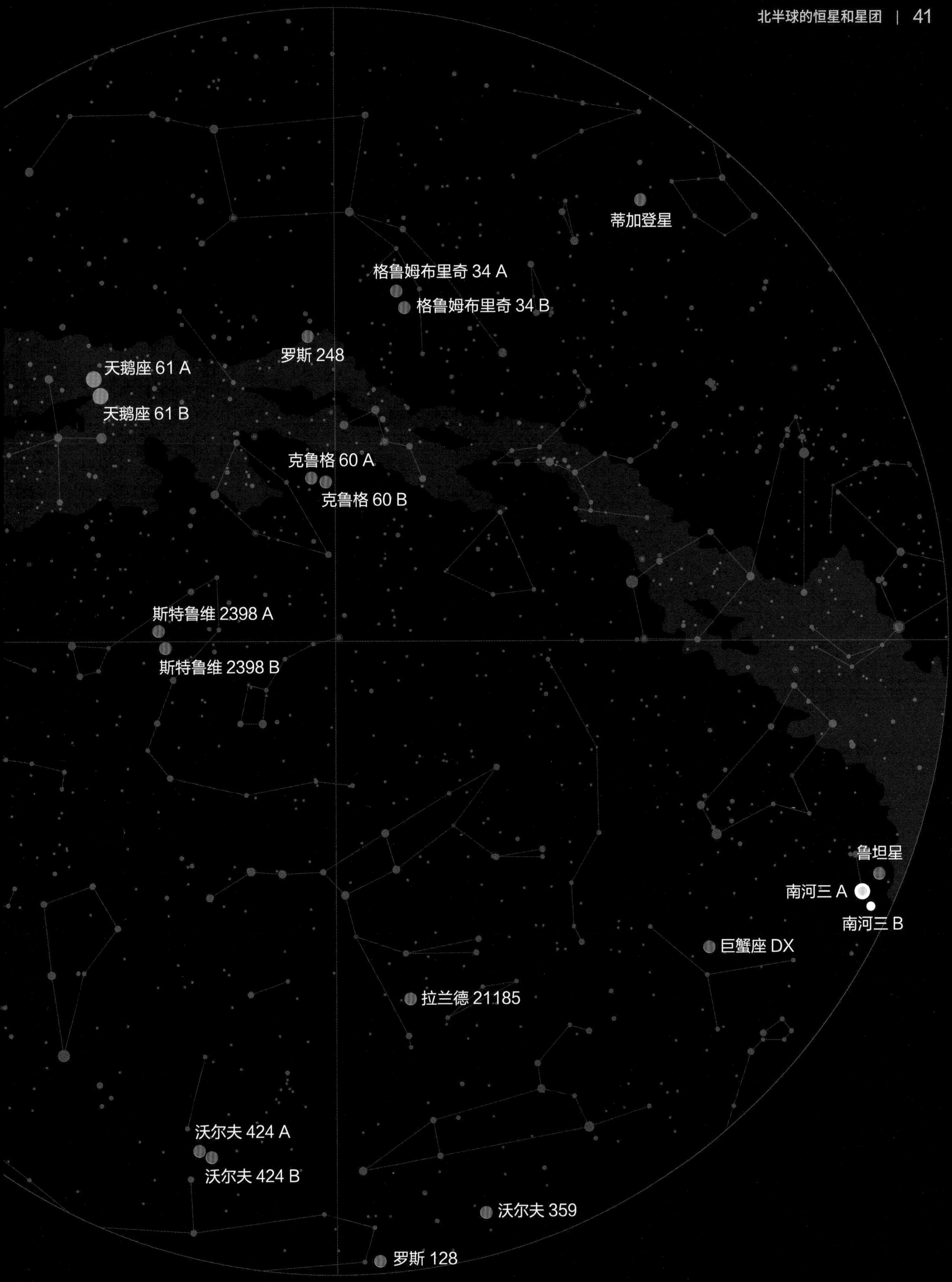

帝加登星

格鲁姆布里奇 34 A

格鲁姆布里奇 34 B

罗斯 248

天鹅座 61 A

天鹅座 61 B

克鲁格 60 A

克鲁格 60 B

斯特鲁维 2398 A

斯特鲁维 2398 B

鲁坦星

南河三 A

南河三 B

巨蟹座 DX

拉兰德 21185

沃尔夫 424 A

沃尔夫 424 B

沃尔夫 359

罗斯 128

邻近的疏散星团

北半球的天空中有一些从地球上就可以看到的引人注目的疏散星团，如蜂巢星团、英仙座双星团，以及最接近太阳系的昴星团。

疏散星团是由同一分子云产生的恒星所组成的星团，原本的紧凑星团随着时间的推移慢慢散开。据估计银河系中有多达 1 万多个此类星团，但已知的此类星团数目仅有 1 000 多个。从北半球可以看到一些最近的疏散星团：金牛座的昴星团和后发座的后发星团，它们可以分别在冬季和春季被肉眼轻松地观测到。

昴星团

昴星团是北半球最受欢迎的星团之一，它也被称为梅西叶 45 或 M45。它的直径大约为 12 光年，里面聚集了 5 000 多颗年龄在 1.25 亿年左右的恒星。它的七颗主要恒星在古希腊神话中是大洋神女普勒俄涅（Pleione）和泰坦神阿特拉斯（Atlas）的女儿们。这些恒星是蓝巨星，用肉眼就可以毫不费力地观测到。

M39
这个疏散星团的部分恒星已经有大约 2.78 亿年的历史，距离太阳系大约有 10.1 亿光年。

星团	星座	距离太阳系 / 光年
毕星团	金牛座	153
后发星团	后发座	336
昴星团	金牛座	444
蜂巢星团	巨蟹座	577
英仙座 α	英仙座	557~650
M39	天鹅座	1010
IC 348	巨蛇座	1028
NGC 6633	蛇夫座	1040
IC 4756	英仙座	1300
IC 4665	蛇夫座	1400

疏散星团的演化

疏散星团中的恒星是在气体和尘埃云因自身引力而坍缩后形成的。富含蓝色和白色恒星的年轻气体云团很致密，但是随着时间的推移，它们变得弥散。红色恒星的出现揭示了它们的高龄。

恒星形成的电离氢区 → 引力坍缩 → 年轻云团 → 老星团

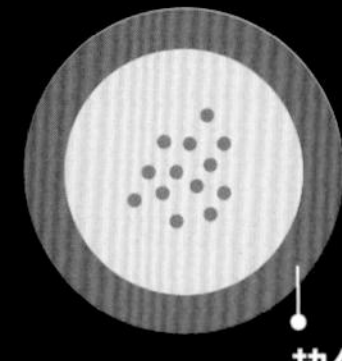

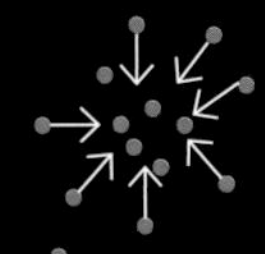

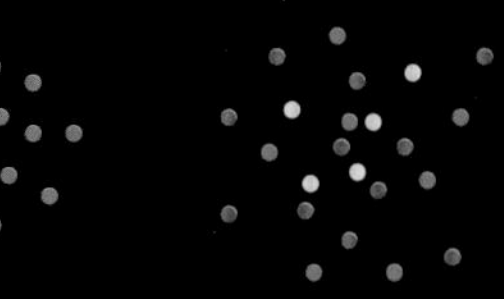

英仙座 α
梅洛特 20 星团诞生于 7 000 万 ~5 000 万年前，对我们的恒星环境的演化产生了显著影响。

蜂巢星团
M44 出现在 7 亿 ~6 亿年前。它富含许多红巨星和白矮星。

IC 348
IC 348 的恒星仍然被 200 万年前出现的气体云所笼罩。

NGC 6633
蛇夫座的这个疏散星团大约有 6.6 亿年的历史。

两大家族

北半球最引人注目的两个星团——毕星团（左）和昴星团（右），在天空中共同组成了金牛座。

北半球的双星

从北半球可以观测到许多著名的恒星，如梗河一、王良三和天大将军一，等等。但其中有一些实际上是光学双星，如北斗六和开阳增一，还有著名的辇道增七。也就是说，是我们从地球的观测视角看才使得它们看上去像是重叠在一起的双星。

在我们肉眼看到的恒星中，有一半以上是由两颗或两颗以上恒星组成的多星系统，这些恒星围绕一个共同的中心运行。从这个意义上说，夏季的天空中或许有一对天空中最著名的双星——辇道增七（天鹅座 β）。尽管实际上它并不是一个双星系统，而是一对光学双星：它的黄色和蓝色组成部分显示出很强的色差，并被几十光年的距离隔开，是通过简单的透视效果才一起出现在天空中。

颜色对比

一些双星中的主星和伴星形成了有趣的颜色对比，如仙女座的天大将军一和仙后座的王良三这些双星。还有一些双星系统以其巨大的相似性而引人注目，白羊座的娄宿二就是这样一个例子，它的恒星是一对亮度为 4.8 级的白色孪生星，它们靠得很近，就好像在互相摩擦。

北斗六和开阳增一

这些恒星在大熊座形成了有趣的光学双星。然而，最亮的北斗六其实是一个双星系统：它的每个组成部分都是双星。

名称	星数	星座	距离
辇道增七（天鹅座 β）	2	天鹅座	430 光年
帝座（武仙座 α）	4	武仙座	360 光年
天大将军一（仙女座 γ）	4	仙女座	350 光年
梗河一（牧夫座 ε）	2	牧夫座	203 光年
娄宿二（白羊座 γ）	2	白羊座	164 光年
天琴座 ε	10	天琴座	162 光年
轩辕十二（狮子座 γ）	2	狮子座	130 光年
常陈一（猎犬座 α）	2	猎犬座	115 光年
北河二（双子座 α）	6	双子座	51 光年
王良三（仙后座 η）	2	仙后座	19 光年

蓝色和黄色

在这张放大的图片上可以清楚地看到辇道增七的对比度，其中蓝色恒星的温度更高。

辇道增七

这对位处恒星遍布区域的典型夏季双星还有一个有趣的地方，那就是其位于银河系的中心。

1

球状星团

1. M5

M5 是位于巨蛇座的球状星团，距离太阳系大约 24 500 光年。它大约有 50 万颗恒星，这些大约有 130 亿年历史的恒星是银河系中古老的恒星中的一部分。

2. M3

这个位于猎犬座的星团也被称为 NGC 5272，距离太阳系大约 33 900 光年。1764 年，法国天文学家查尔斯 · 梅西叶（Charles Messier）发现了它，并将其定为星云。不久之后，威廉 · 赫歇尔（William Herschel）将其归类为星团。

3. M53

M53（NGC 5024）位于后发座，是银河系最外围的球状星团之一，距离银河系中心大约 5.8 万光年，几乎等同于它与太阳系的距离。它的特点是金属含量很低。

4. M15

M15 位于飞马座，距离太阳系大约 3.3 万光年，是银河系中古老的星团之一。它是秋季的天空中少数能被肉眼观察到的球状星团之一，也是少数包含行星状星云的星团之一。它包含的行星状星云是豌豆 1。

5. M71

这个相对年轻的球状星团位于天箭座，距离太阳系大约 1.3 万光年。它的恒星年龄在 90 亿 ~ 100 亿年，亮度大约是太阳的 1.32 万倍。

6. M92

武仙座隐藏在距离太阳系大约 26 700 光年的球状星团 M92（NGC 6341）的恒星之间。M92 实际上是夜空中肉眼就能看到的较亮星团之一，但却被距离更近且更壮观的 M13 抢走了大部分风头。

2

3

4

5

6

武仙大星团

数十万颗恒星形成了武仙大星团 M13。这是北半球最大、最亮的球状星团之一，距离太阳系大约 22 200 光年。

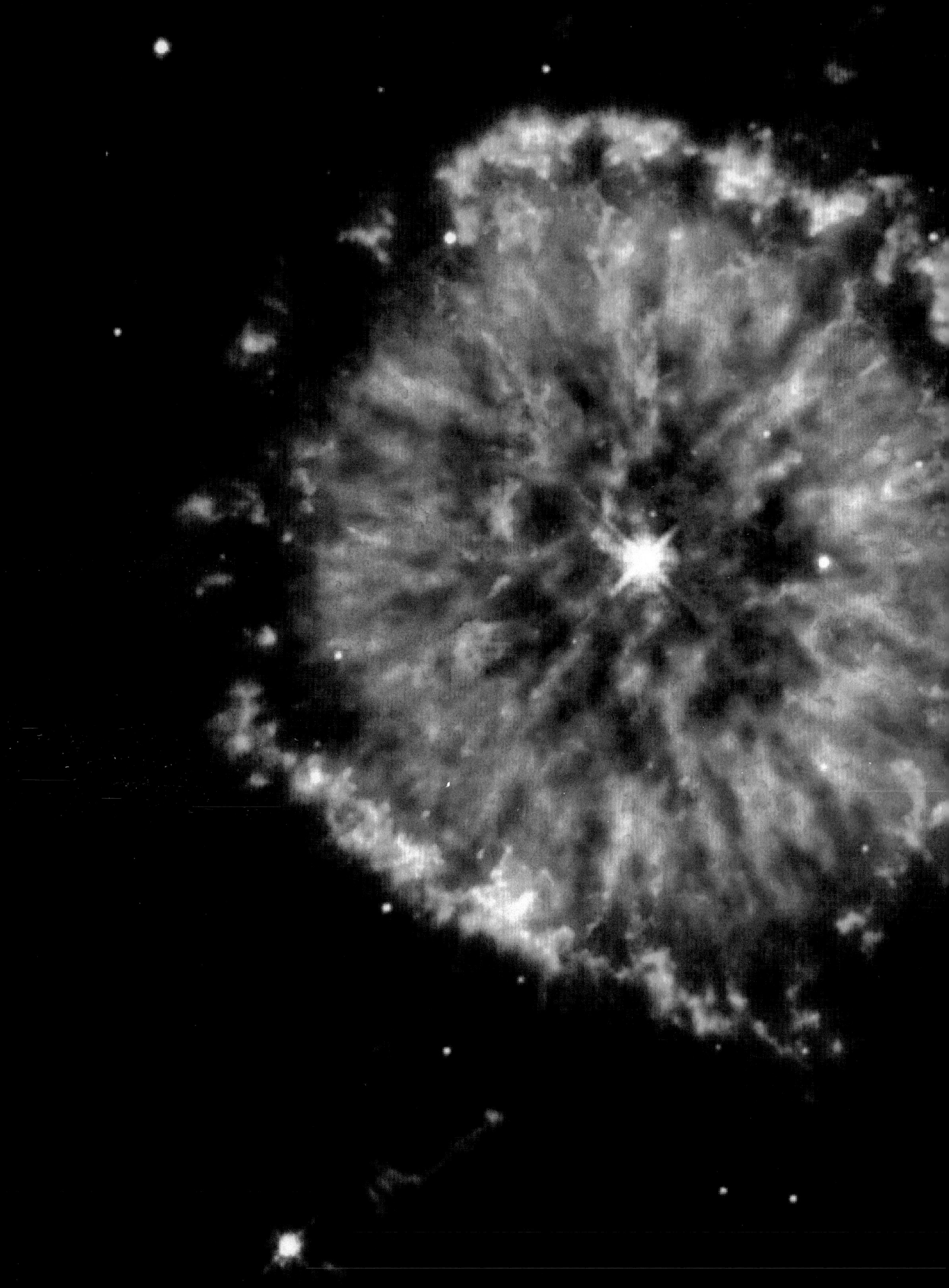

北半球的星云

银河系穿过北半球的天空，途经许多星座，如猎户座、金牛座、英仙座、仙后座、仙王座、天鹅座和狐狸座。在它经过的数千颗恒星中，有一些弥漫的斑点为旋臂带来了色彩，这些斑点就是星云。

左图：哈勃空间望远镜观测到的行星状星云 NGC 6751

仙后座星云

仙后座是一些令人印象深刻的恒星形成区的所在地，其中最引人注目的是巨大的心脏星云和灵魂星云。

秋季天空中明亮的仙后座恒星叠加在银河系之上，与银河系的英仙臂相对应。这是一片富含疏散星团的区域，同时也包含了天空中一些引人注目的发射星云。广阔而弥散的心脏星云（IC1805）和灵魂星云（IC1848）是著名的发射星云，只有在极端黑暗的地方才能观测到。

* 最早由同片星云所产生的一个系统，通常是非引力束缚的系统，星协内的恒星会表现出共同运动的特征。

恒星形成区

心脏星云和灵魂星云是仙后座 OB6 星协系统 * 的一部分，这个系统距离太阳系大约 7 500 光年。星云气体所发出的红光是由梅洛特 15 的大质量恒星所产生的紫外线辐射与气体相互作用而产生的，梅洛特 15 是位于心脏星云中心的一个星团，它包含年龄为 150 万年的恒星以及银河系中一些已知质量最大的恒星，如超过 150 倍太阳质量的恒星 HD 15570。

位于仙后座和英仙座之间的星云

心脏星云和灵魂星云位于仙后座（如图所示）和英仙座之间，靠近英仙座双星团。梅洛特 15 是它中间的第一个星团，在夜空中非常明亮，很容易辨认。

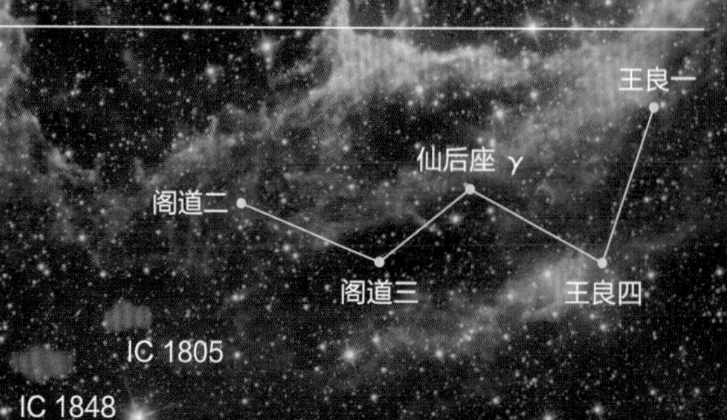

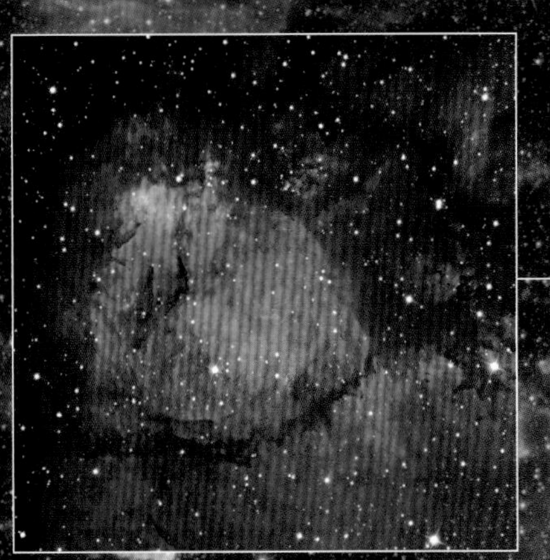

NGC 896

心脏星云中最亮的区域最初是由威廉·赫歇尔在 1787 年用小型望远镜观测发现的。

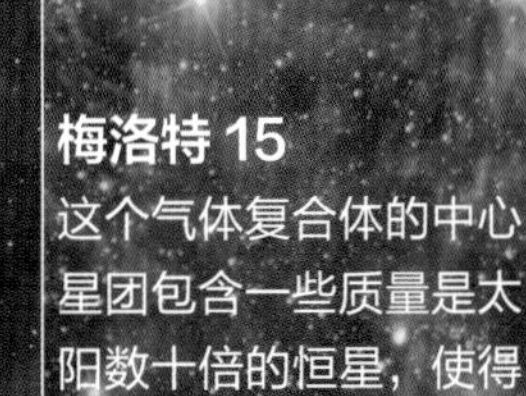

梅洛特 15

这个气体复合体的中心星团包含一些质量是太阳数十倍的恒星，使得周围的气体发生电离。

恒星工厂

这张灵魂星云（左）和心脏星云（右）的红外照片揭示了仙后座这片诞生了数千颗恒星的密集的气体区域。

恒星诞生

梅洛特 15 中的大质量恒星可能是由电离氢区的快速膨胀形成的。在形成的过程中，恒星形成区域最初被一层致密的气体和尘埃所包围，随后这些气体和尘埃分裂成气体团块，最后坍缩产生新的恒星。

1. 电离氢区快速膨胀。

2. 在电离氢区周围形成致密层。

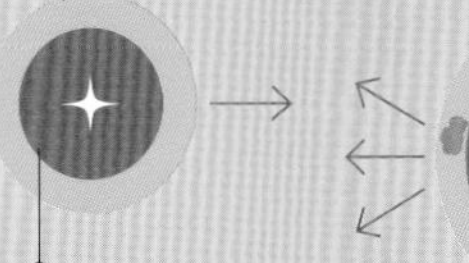

3. 致密层的引力坍缩形成致密气体团块。

4. 在气体团块中诞生新的恒星。

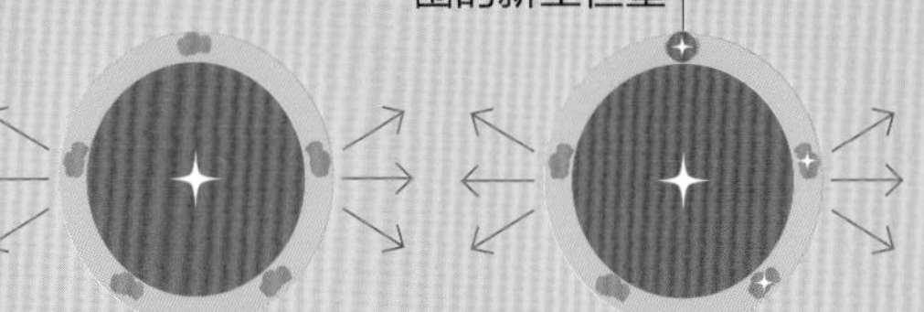

北美星云

天鹅座这个引人注目的恒星形成区位于银河系中一片富含恒星的特别区域。在适宜的条件下，我们可以在夏季的天空中看到它。

天鹅座是著名的恒星形成区——北美星云（也称NGC 7000）的所在地。北美星云是一个巨大的形似北美洲大陆的电离氢区，位于明亮的恒星天津四旁边，可以在夏季的天空中观测到。它的中部地区有一个“墨西哥湾”。处于较冷地区的邻近星云切割形成了北美星云的轮廓，这些星云在我们肉眼看来是不透明的。

有限的观察

尽管最新的研究显示北美星云距我们大约2 000光年，但这个距离还是具有很大的不确定性。如果这个估计是正确的，那么导致星云电离的恒星可能是处于类似距离的天津四。北美星云是一个体积巨大且弥漫的天体，因此在夜空中区分它需要绝佳的观测条件，即必须处于绝对黑暗目无云的条件下。

紧邻天津四

NGC 7000 位于天鹅座最亮的恒星天津四 2 角度的位置。恒星组成一个引人注目的三角形，勾勒出了星云的边缘，如果没有一个大视场的望远镜，就很难在望远镜中将其描绘勾勒出来。如果天空观测条件好的话，可以凭肉眼在天空中找到它。

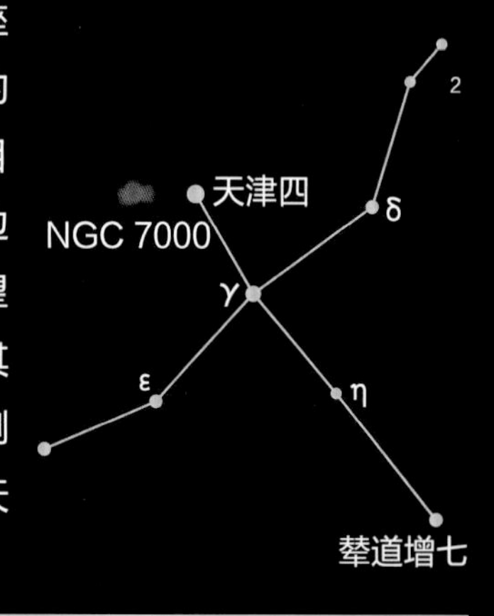

鹈鹕星云

切割出了 NGC 7000 轮廓的同一暗星云也划出了 IC 5067 气体的界限，它的形状就好像是鹈鹕的头部一样。

IC 5068

这个邻近恒星天津四的微弱发射星云，是 NGC 7000 的一部分。

天鹅座星云

这张照片包含了北美星云和其他与北美星云属于同一恒星形成区的星云。

仙王座的气体和尘埃

仙王座内部有一片存在大量气体的区域，其中的发射星云可以自己发光，而反射星云则需要依靠反射附近恒星所发出的光来照亮自己。

IC 1396 是位于仙王座大约 2 400 光年外的一片巨大的气体区域。数以百计的恒星诞生在它的内部，用它们强大的紫外线辐射和产生的急风塑造着周围的气体。准确地说，紫外线辐射电离了星云中的氢原子，使它们发出特定波长的光。这种光的产生也正是发射星云的特征。

氢的其他特征

反射星云不受其他恒星的电离作用，而只是反射附近恒星的光。另外，类似 IC1396 中心由于其形状而得名的象鼻星云这类在天空中显得不透明的暗星云，仅仅是没有任何光源照射的大量气体和尘埃。

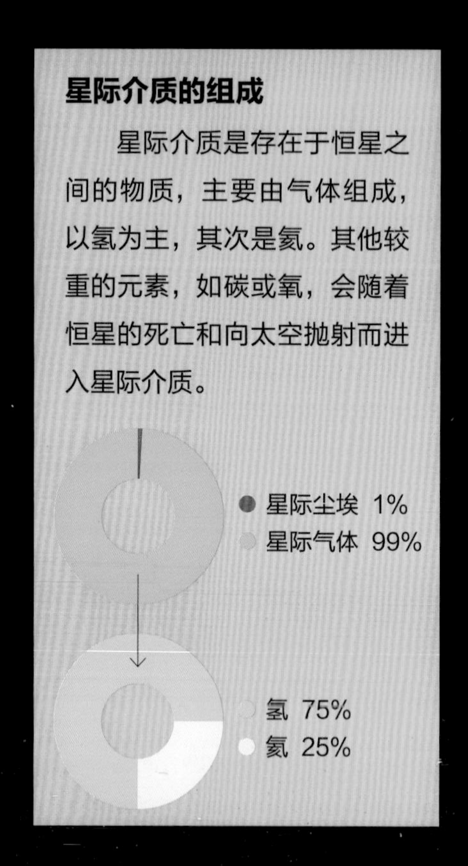

仙王座的南边

IC 1396 位于仙王座的南端，这是银河系中一片恒星非常丰富的区域，已知的邻近较大的恒星之一是赫歇尔的石榴石星（仙王座 μ）。以威廉·赫歇尔描述的颜色而得名的石榴石星的半径超过太阳半径的 1 500 倍。

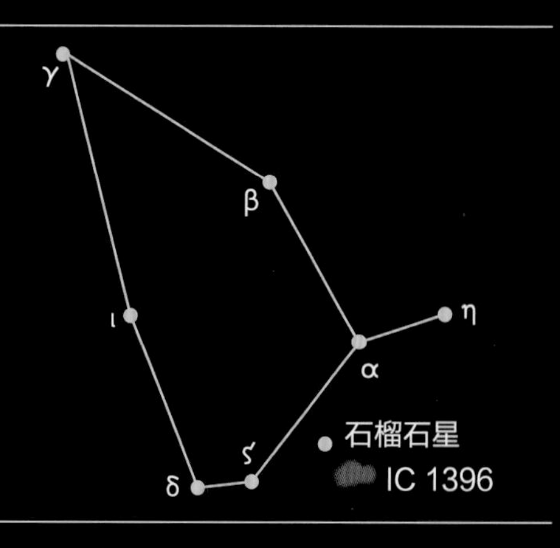

象鼻星云

斯皮策空间望远镜的红外线观测显示，在这个结构的内部有大约 250 颗恒星正在诞生。这些新诞生的恒星最终会吹散气体包层，变得像 IC 1396 中的恒星一样可以被观测到。

氢气云

这幅图像显示了 IC 1396 的一部分，包括一些照亮气体的主要恒星（左上角）。

北半球的行星状星云

1. M57

这个著名的环状星云位于天琴座，距离太阳系大约 2 567 光年。在这个行星状星云中有一颗非常热的白矮星，由于白矮星的相对亮度较弱，因此使用望远镜也很难观测到。

2. NGC 7662

这个位于仙女座的行星状星云呈现出耀眼的蓝色，这就是为什么它也被称为蓝雪球星云。它的中心包含了一个亮度在 12 ~ 16 星等变化的白矮星。

3. NGC 2392

双子座的爱斯基摩星云距离太阳系大约 2 870 光年。判断它中央星释放高速气体物质的依据，便是它在结构上呈现出的不同密度的气体层。

4. NGC 6826

这个球状星云位于天鹅座外 2 000 多光年的位置，显示着不同的壳层在以不同的速度膨胀。这张照片中的红色显示了两片区域的存在，在这两片区域中，气体的运动速度要快得多。

5. NGC 6210

这个由一颗质量小于太阳的恒星外壳层组成的行星状星云，于 1827 年由德国天文学家弗里德里希·格奥尔格·威廉·斯特鲁维（Friedrich Georg Wilhelm von Struve）发现。它位于大约 6 500 光年之外的武仙座，外形看起来像一只乌龟。

6. NGC 6543

被称为猫眼星云的这一天体结构是距离我们大约 3 000 光年的复杂形态。用伴星的存在来解释的话，伴星与白矮星形成了一个双星系统，产生了所观测到的奇特弧线和弯曲形状。

7. NGC 3587

位于大熊座，距离大约 2 030 光年远的这一行星状星云也被称为梅西叶 97 或猫头鹰星云。它有 8 000 年的历史，其质量为 0.13 个太阳质量，由氢、氦、氮、氧和硫等气体组成。

8. 克隆伯格 61

2011 年，一位天文爱好者从地处夏威夷的双子座天文台拍摄的照片中发现了这个位于 1.3 万光年外的天鹅座的行星状星云。它外层独特的丝状结构为它赢得了“足球”的绰号。

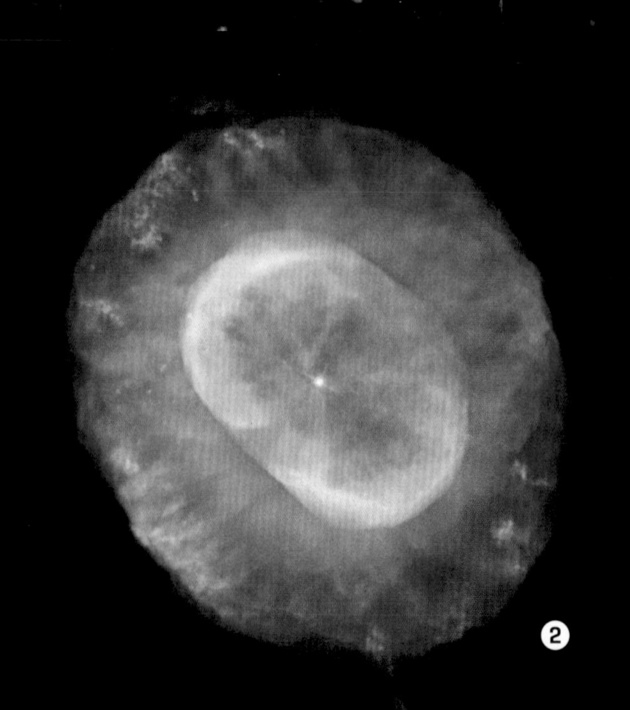

2

4
1
5
6
3
7
8

红巨星
一旦核心的氢耗尽，这颗恒星的大小和亮度就会增加，从而成为一颗红巨星。

膨胀
红巨星在进一步增大，与此同时星风以几千米每秒的速度吹过这颗红巨星的最外层，即最冷的一层。

哑铃星云的形成

一颗中等质量的恒星结束了红巨星的阶段之后，它将经历生命的最后阶段之一：成为行星状星云。这是一种围绕着最初恒星核心残余部分的气体包层。

中等质量的恒星在其核心燃料耗尽时，外层便开始膨胀。在红巨星阶段之后，这颗恒星即进入了最后一个阶段：行星状星云，这是一种围绕着白矮星（也就是最初恒星的裸核）形成的彩色气体包层。1764 年，查尔斯·梅西叶观测到了第一个行星状星云：梅西叶 27。自 1827 年约翰·赫歇尔将其形状描述为哑铃后，它便以“哑铃星云”的名字被大家所熟知。

狐狸座的多色斑点

哑铃星云是一片距离太阳系 1 360 光年、由爆炸所形成的彩色区域。尽管它的中心恒星白矮星只有太阳半径的 5.5% 和太阳质量的一半，但由于它的直径很大，亮度很高，所以使用双筒望远镜或小直径望远镜就可以在狐狸座天体中快速找到它。

从红巨星到行星状星云

哑铃星云的形成过程持续了数千年，这张图片是对形成过程的艺术展现。

电离

恒星以极高的速度（几十千米每秒）发射的连续脉冲式的辐射到达之前产生的外部气体层，导致周围气体电离。

行星状星云

最终表现为恒星喷射出不同的外层气体，这些气体层由星风塑造，并由恒星的紫外线辐射电离而成。

北半球天空的超新星

超新星的形成是发生在大质量恒星生命末期的能量事件，在银河系中很少能被观测到，但它们的遗迹为夜空增添了色彩。

超新星形成是高能量事件，在大多数情况下与大质量恒星的死亡有关。北半球发生过一些重要的事件，例如我们今天所看到的蟹状星云，那是 1054 年形成的超新星的遗迹，它爆发的时候非常明亮，在白天就能看到。最近几个世纪观测到的其他有趣的超新星是仙后座的 SN 1572（第谷超新星），以及我们从地球上看到的最后一颗银河系内的超新星：蛇夫座的 SN 1604（开普勒超新星）。

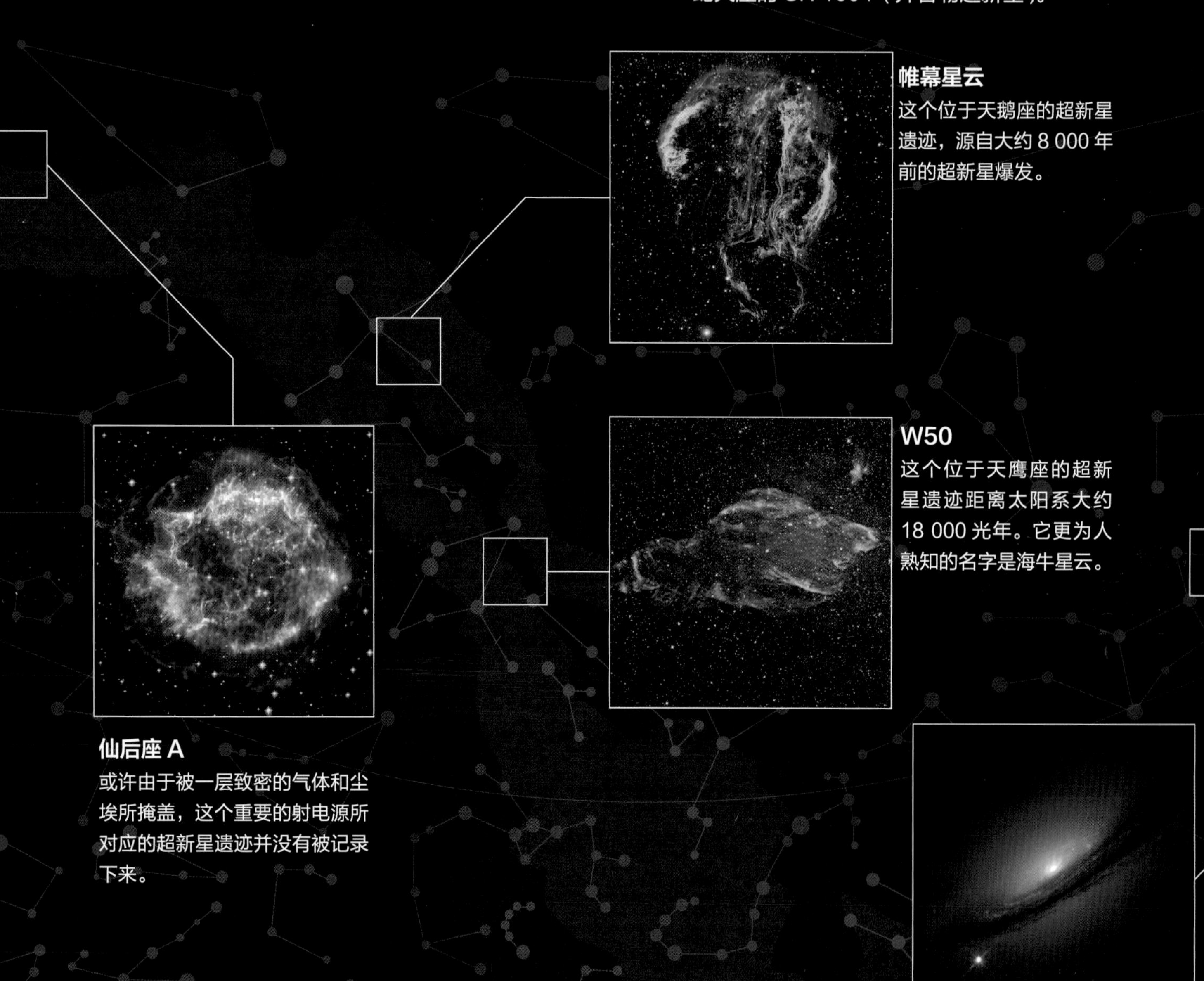

帷幕星云
这个位于天鹅座的超新星遗迹，源自大约 8 000 年前的超新星爆发。

W50
这个位于天鹰座的超新星遗迹距离太阳系大约 18 000 光年。它更为人熟知的名字是海牛星云。

仙后座 A
或许由于被一层致密的气体和尘埃所掩盖，这个重要的射电源所对应的超新星遗迹并没有被记录下来。

SN 1994D
这颗超新星位于大约 5 000 万光年外的 NGC 4526 上，它是河外星系中发现的无数超新星中的一个。

其他星系

最近，有一些我们的星系之外的超新星的观测记录，比如 M81 的 SN 1993J，或 NGC 4526 的 SN 1994D，后者属于 Ia 型超新星。当一颗白矮星从伴星中吸收了足够的质量，超过钱德拉塞卡极限时，恒星就会自行坍缩并发生爆炸。

超新星遗迹

这张北半球的星图描绘了一些与超新星有关的主要事件。

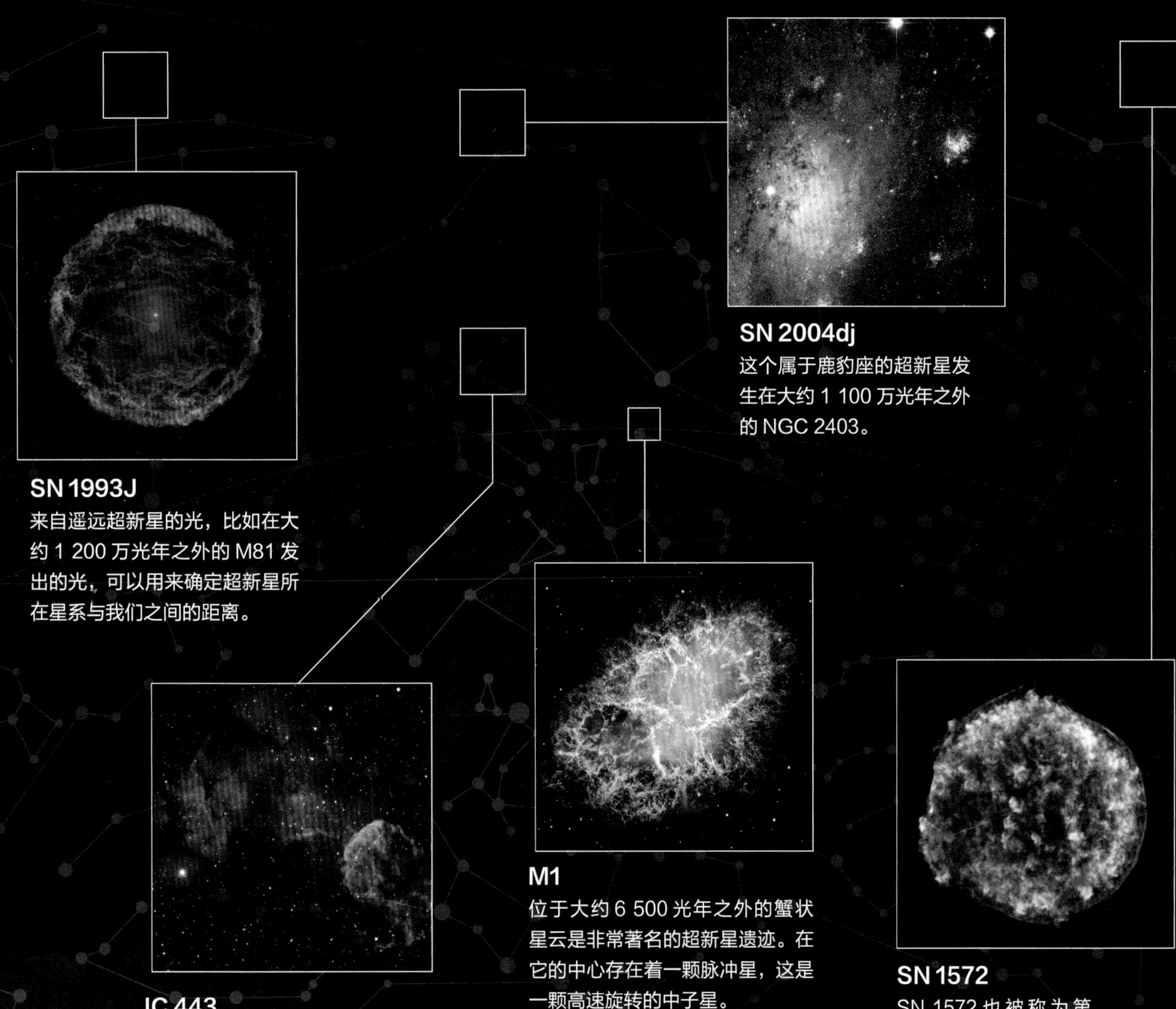

SN 2004dj
这个属于鹿豹座的超新星发生在大约 1 100 万光年之外的 NGC 2403。

SN 1993J
来自遥远超新星的光，比如在大约 1 200 万光年之外的 M81 发出的光，可以用来确定超新星所在星系与我们之间的距离。

M1
位于大约 6 500 光年之外的蟹状星云是非常著名的超新星遗迹。在它的中心存在着一颗脉冲星，这是一颗高速旋转的中子星。

SN 1572
SN 1572 也被称为第谷超新星，是一个在 8 000 ~ 9 800 光年外爆炸的超新星的遗迹。

IC 443
这个位于大约 5 000 光年外的双子座超新星遗迹与该区域的气体和星际尘埃发生了相互作用。

NGC 6992

天鹅座的帷幕星云在星际空间中高速膨胀，形成了惊人的形状。

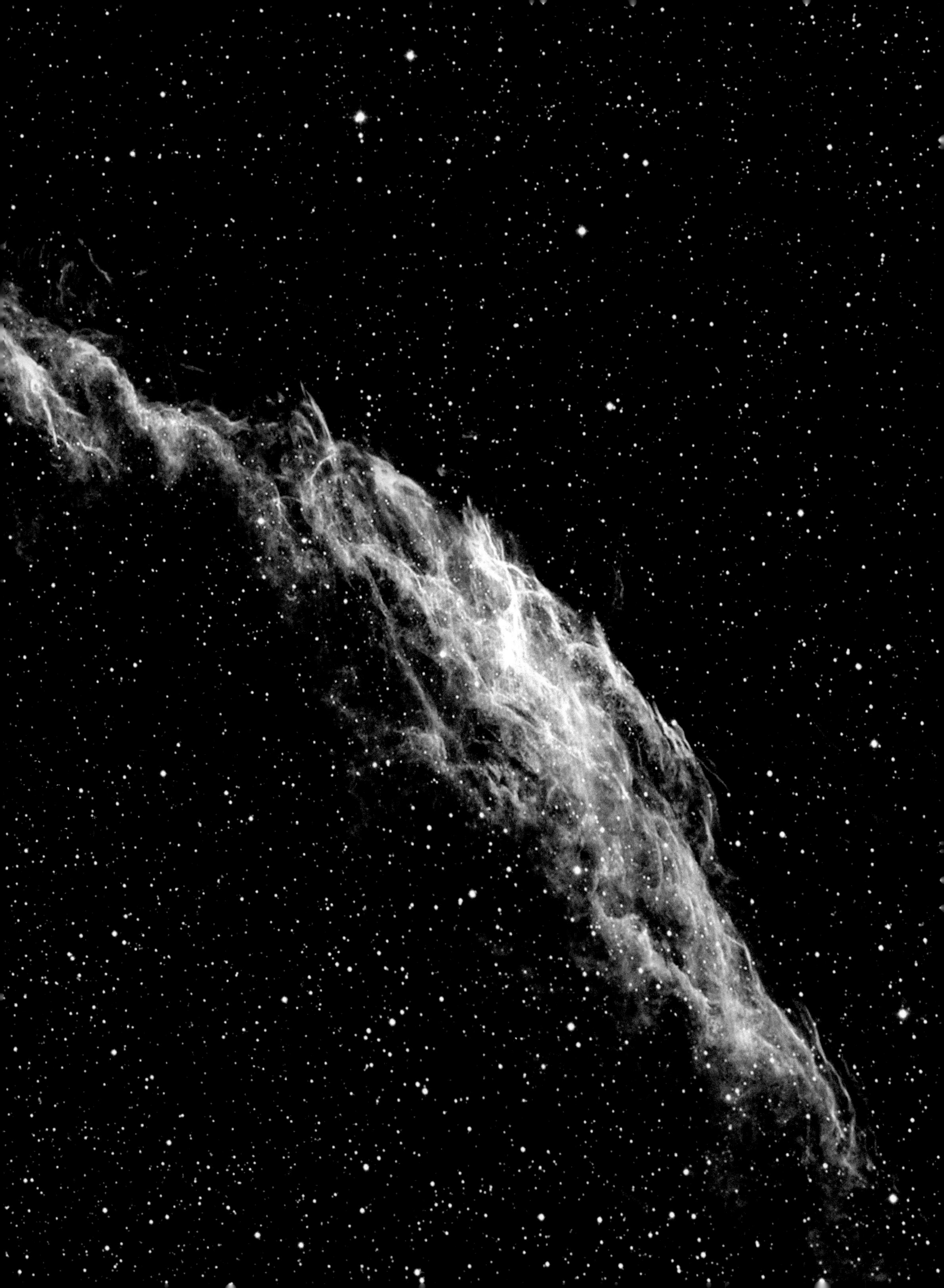

北半球的星系

在北半球，能看到本星系群中银河系的两个主要伴星系：仙女星系和三角星系。此外，后发座、狮子座和室女座也都拥有大量的星系，其中大多数用小型望远镜就可以观测到。

左图：大熊座的 M81 距离太阳系大约 1 200 万光年

银河近邻

银河系属于本星系群。本星系群是由以矮星系为主的大约 80 个星系组成，银河系、仙女星系和三角星系都在本星系群中占据主导地位。

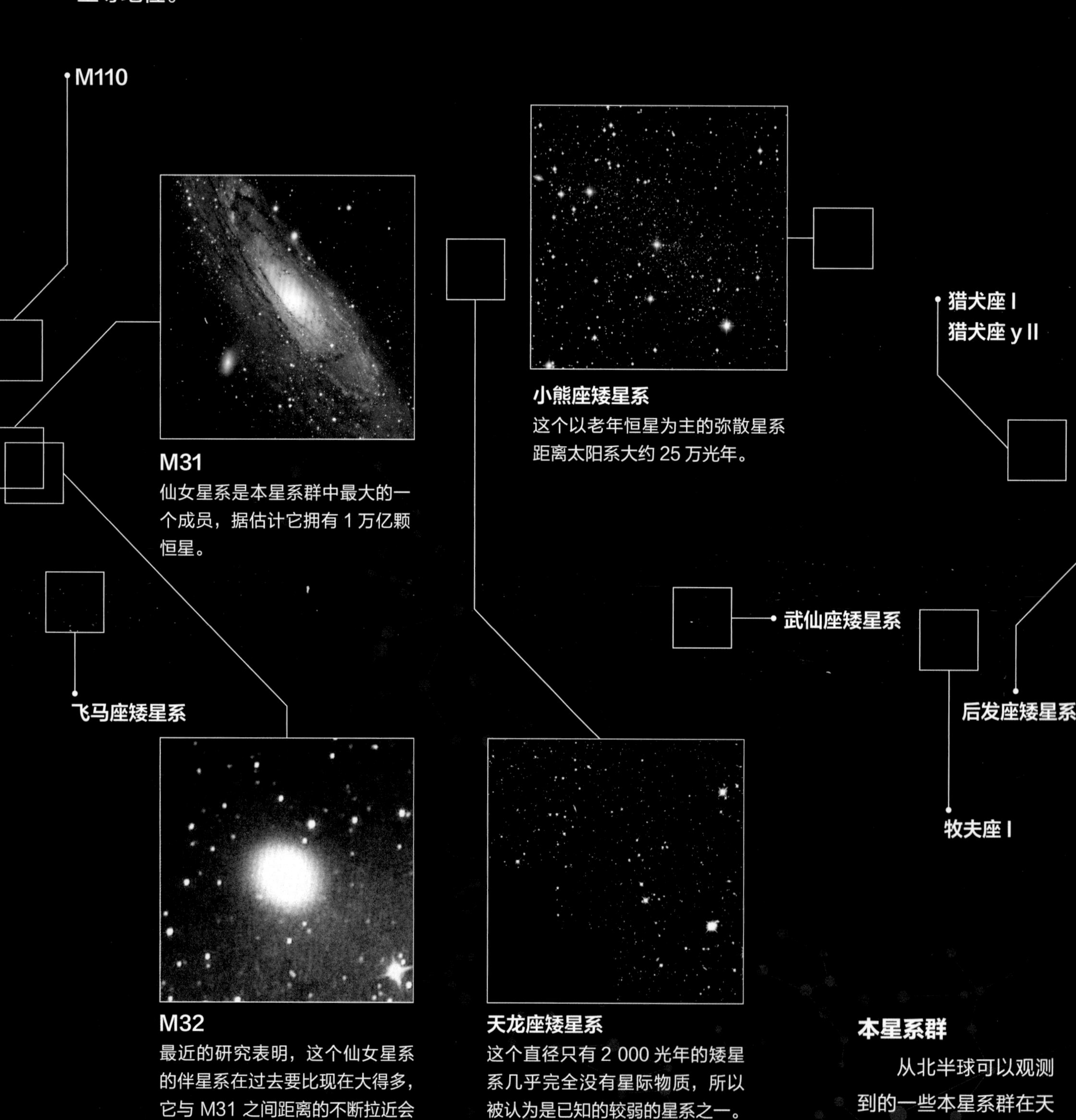

小熊座矮星系

这个以老年恒星为主的弥散星系距离太阳系大约 25 万光年。

M31

仙女星系是本星系群中最大的一个成员，据估计它拥有 1 万亿颗恒星。

M32

最近的研究表明，这个仙女星系的伴星系在过去要比现在大得多，它与 M31 之间距离的不断拉近会对其自身产生极大的影响。

天龙座矮星系

这个直径只有 2 000 光年的矮星系几乎完全没有星际物质，所以被认为是已知的较弱的星系之一。

本星系群

从北半球可以观测到的一些本星系群在天空中位置的图谱。

本星系群有包括银河系在内的 80 多个星系。庞大的银河系和另外两个旋涡星系——比银河系还大的仙女星系（M31）和三个星系中最小的三角星系（M33）一起统治着这个星系群。其余的星系围绕着这个“三巨头”排列，其中大部分是伴星系。尽管很多星系非常暗淡和弥散，但仍然可以从北半球观测到一些主要的星系和不同的矮星系。

星系间相互作用

本星系群的星系处在一个相对较小的空间中，这导致了本星系群中许多星系之间存在着相互作用。虽然银河系自身看上去没有太大变化，但实际上它吸收了大量的矮星系，并对矮星系中的恒星产生了相互作用，使这些矮星系的结构发生了变形，就像人马座矮星系那样。与此同时，仙女星系正朝着银河系的方向前进，预计它们会在 40 亿年后相遇。

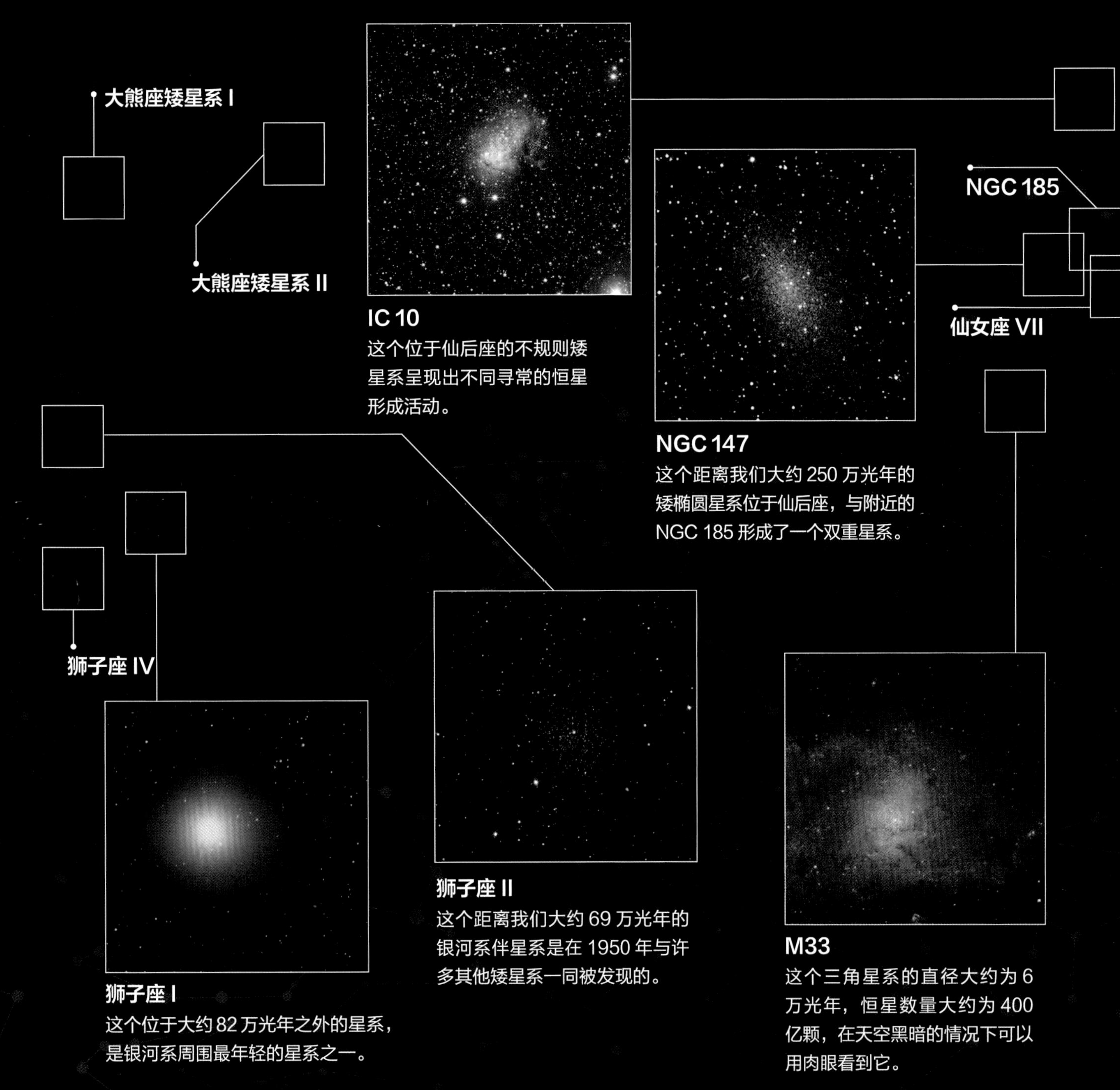

IC 10
这个位于仙后座的不规则矮星系呈现出不同寻常的恒星形成活动。

NGC 147
这个距离我们大约 250 万光年的矮椭圆星系位于仙后座，与附近的 NGC 185 形成了一个双重星系。

狮子座 I
这个位于大约 82 万光年之外的星系，是银河系周围最年轻的星系之一。

狮子座 II
这个距离我们大约 69 万光年的银河系伴星系是在 1950 年与许多其他矮星系一同被发现的。

M33
这个三角星系的直径大约为 6 万光年，恒星数量大约为 400 亿颗，在天空黑暗的情况下可以用肉眼看到它。

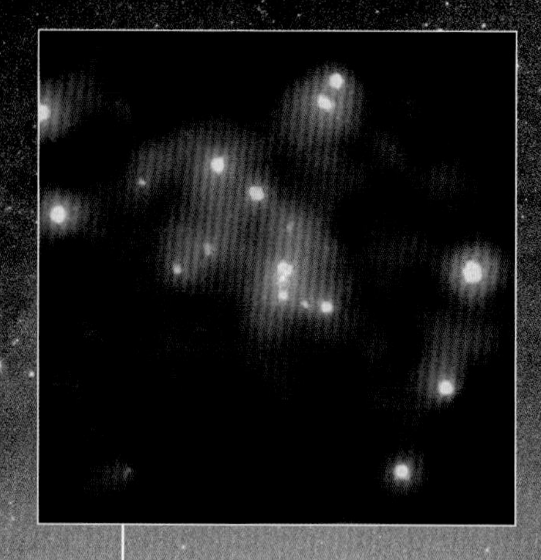

星系核
这幅图像显示了星系中心丰富的 X 射线源。星系核的蓝点标志着超大质量黑洞产生的辐射。

仙女星系

本星系群由银河系、仙女星系和三角星系主导。仙女星系的范围几乎是银河系的两倍，它的恒星数量也达到了数万亿颗。

除了我们周围的小伴星系，例如大麦哲伦云、小麦哲伦云和人马矮椭圆星系，离银河系最近的星系便是数千年来以仙女星系这个名字而闻名的 M31（梅西叶 31）。仙女星系距离太阳系大约 250 万光年，由一个至少 1 万亿颗恒星形成的巨大旋涡组成，围绕着一个包含超大质量黑洞的致密核运动。在天气黑暗程度合适的情况下，用肉眼就可以毫不费力地看到这个星系。

“食人”星系

仙女星系形成于大约 100 亿年前，是由几个较小星系或原星系合并而成的。随后，它又经历了一系列相互作用，目前，仙女星系正在与 M32 和 M110 星系相遇，并利用自身的引力作用吞噬掉了这两个星系中的大部分恒星，使得这两个星系只剩下最内部的区域。

仙女星系

在这张充满单个恒星的中央区域的照片中，那些呈现蓝色基调的便是主要由年轻恒星组成的大型疏散星团。

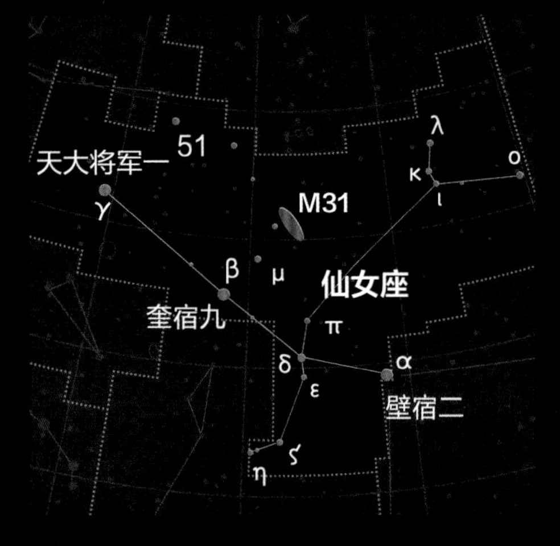

位置

M31 位于仙女座，邻近奎宿九。顺着飞马座或仙后座方向可以很容易在夜空中找到它。

仙女座星系晕

据估计，银河系的直径大约为 10 万光年，而仙女座的直径大约为 22 万光年，比银河系的直径大得多。仙女座的星系晕是最古老恒星的所在地，我们利用哈勃空间望远镜对其直径进行测算，测算结果显示它的直径为 100 万光年。在它里面有许多古老的球状星团，其中被探测到的就已有 460 个，这个数字几乎是银河系中球状星团的 3 倍。

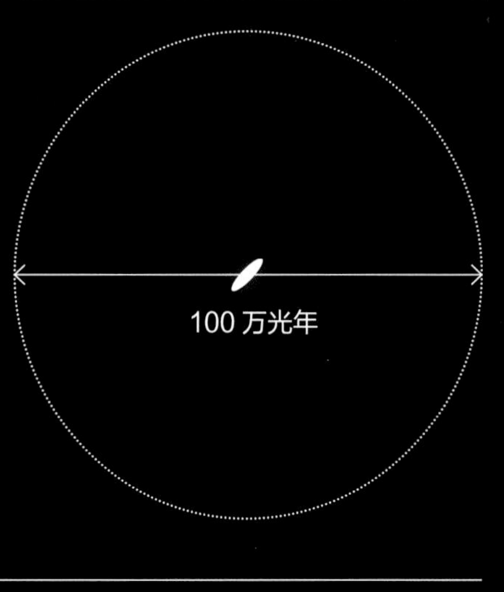

狮子座星系和后发座星系

1. M64

M64 也被称为“黑眼睛星系”，它位于后发座，距离我们大约 1 730 万光年。用简单的望远镜就能很容易地观测到它的大量气体和尘埃，这些气体和尘埃遮蔽了星系核周围的广阔区域。

2. M66

这个旋涡星系位于狮子座，距离太阳系大约 3 100 万光年，是狮子座三重星系的一部分。它与查尔斯·梅西叶 1780 年发现的 M65 和威廉·赫歇尔 1784 年发现的 NGC 3628 组成了一个小星系群。

3. M95

这个位于 3 260 万光年外的狮子座旋涡星系的图像呈现出大量的蓝色致密区域（年轻的疏散星团），这表明恒星的形成率很高。

4. M85

这个位于后发座的椭圆星系，距离我们大约 6 000 万光年，是由几个较小星系的碰撞形成的。由于之前的相互作用，使得它现在面临着严重的氢短缺问题，而无法产生新的恒星。

5. M100

室女座星系团由 2 000 多个星系组成，距离我们大约 6 500 万光年，M100 是室女座星系团中大而明亮的星系之一。它中间有一个棒状结构，两条很明显并且富含恒星形成区域的旋臂从棒状结构上延伸出去。

6. M105

这个位于狮子座、有点扁长的椭圆星系距离太阳系大约 3 660 万光年。它的核心是一个巨大的黑洞，质量为太阳质量的 1.4 亿 ~2 亿倍。

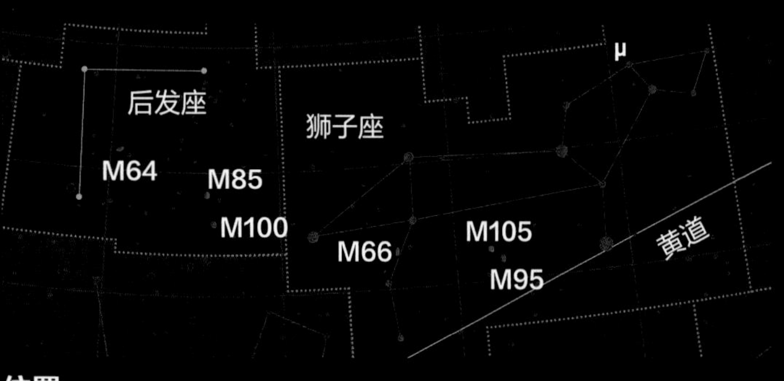

位置

这张图显示了本页所提到的星系所在的位置。在几乎没有光污染的夜空中，所有的这些星系都可以用小口径望远镜直接观测到。

3
5
1
2
4
6

狮子座三重星系

这张照片显示了狮子座这个小星系群的主要星系——左边是NGC 3628，右边是M65（上）和M66（下）。

针状星系

NGC 4565 位于后发座，是旋涡星系的典型代表之一。从侧面看，它呈现出一个由气体和尘埃形成的明显暗带。

被称为针状星系的 NGC 4565 是后发座的一部分，距离太阳系 3 000 万 ~ 5 000 万光年。更确切地说，它是来自现在的后发 I 星系群，其组成部分被室女星系团的中心引力所吸引。它是一个直径大约为 14 万光年的旋涡星系，从地球上可以观测到它侧面的全部轮廓，就如同一条细长的光带。

被一条暗带分隔

针状星系最显著的特征是存在一条横贯赤道带的暗带，把赤道带分成两部分。这条暗带是由浓密的尘埃气体云组成的，遮掩了后面恒星发出的光，这也表明星系有足够的资源来产生相当数量的恒星。

后发座

在这张后发座图像的中心是针状星系，与被称为后发星团的梅洛特 111 疏散星团相邻。

针形

NGC 4565 的细长轮廓使它获得了“针状星系”的名号。

年老的星系核

在这张由甚大望远镜拍摄的照片中，可以看到围绕着星系核的突出球状物，那里聚集着很多古老的恒星。

暗的云团

哈勃空间望远镜拍摄的这张照片揭示了针状星系暗带的外围区域，非常详细地展示了它错综复杂的结构。

大熊座的星团和星系群

北半球最著名的两个星系 M81 和 M82 属于大熊座的 M81 星系群，利用大多数望远镜都能很容易地观测到这对引人注目的星系。

大熊座距离银河系的平面较远，是一个可以观测到各种星系的星座。其中，M81 和 M82 分别被称为波德星系和雪茄星系，它们组成的星系对因其亮度较高而引人注目。两者都属于 M81 星系群，这是一个由大约 30 个星系组成的小星系群，距离银河系大约 1 200 万光年。在宇宙尺度上，这是一个相对较小的距离，所以我们可以对这些星系进行相当详细的观测。

大熊座之最

M81 是一个包含着超大质量黑洞的旋涡星系，有两条突出的旋臂围绕着一个明亮的核心旋转。最近，不规则星系 M82 与 M81 的相互作用共同造就了一次新的恒星形成活动。大量的超新星爆发产生了不同波段的双极喷流。

NGC 3077

这个位于大约 1 300 万光年之外的小椭圆星系，将其核心的一部分隐藏在了最近与较大星系相互作用所产生的致密的尘埃云之下。

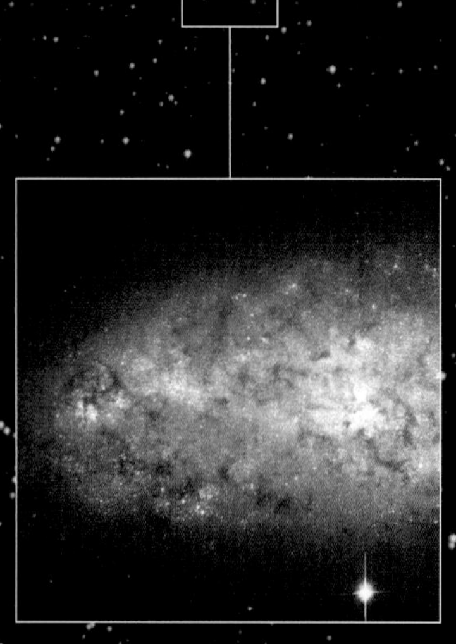

NGC 2976

这个 1000 万～1200 万光年外的小星系有着非常模糊的旋臂，这是它与星系群其他星系相互作用的迹象。

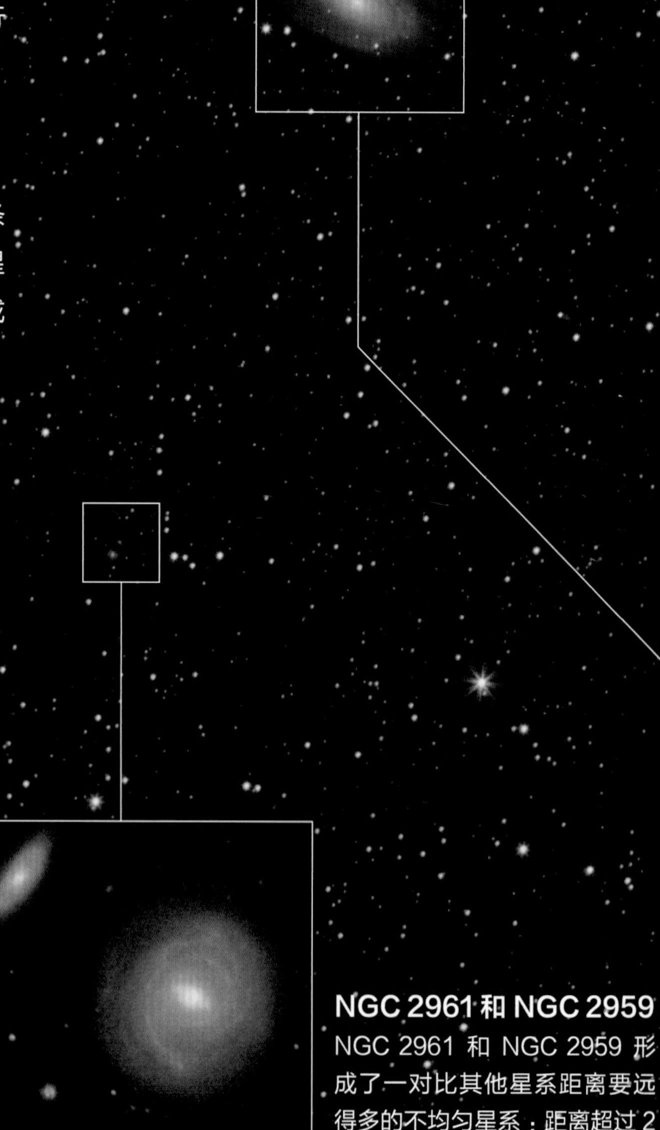

NGC 2961 和 NGC 2959

NGC 2961 和 NGC 2959 形成了一对比其他星系距离要远得多的不均匀星系：距离超过 2 亿光年。

NGC 3027

这是一个有着小而突出旋臂的棒旋星系，距离太阳系大约 5 100 万光年，是 NGC 2985 星系群的一部分。

M82

使用 X 射线和红外线探测仪观察雪茄星系时，可以清晰地看到其向外发射的巨大气体喷流。

NGC 2985

这是位于大约 7 000 万光年之外的一个旋涡星系，里面有一个超大质量的黑洞。

M81

波德星系有许多恒星形成区域和一个伴星系——霍姆伯格九号（在这张图片的顶部）。

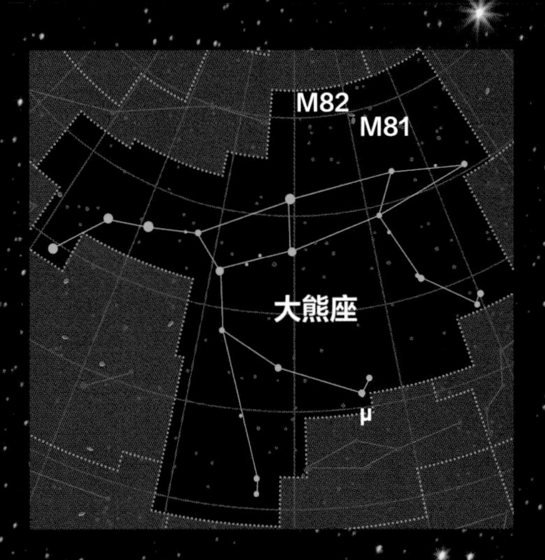

M81 星系群

这张图片显示了大熊座 M81 和 M82 的位置。此外，还提供了 M81 星系群其他重要成员的详细信息。

M51的旋臂

这个旋涡星系也被称为涡状星系，它与另一个较小的旋涡星系相互作用，从而产生了相当可观的恒星形成率以及与星系相撞相关的其他效应。

M51位于猎犬座，距离我们大约2 300万光年，是北半球著名且被深入研究的星系之一。它是旋涡状的星系，有一个最低限度的倾斜度，这使得从地球的角度观测它时可以明显看到两条突出的旋臂。M51，这个受欢迎的涡状星系还主导着一组被称为“M51星系群”的天体。

星系相互作用

如果说M51有什么特征的话，除了它引人注目的旋臂，那就是它还有一个与之相互作用的小星系存在。M51的伴星系M51b（NGC 5195）被认为是导致M51恒星形成爆发的主要原因，它已经被剥夺走了大量的恒星。事实上，目前M51只剩下其星系核部分，以及由于强烈的引力而弥散的大量气体和尘埃。

天空中的旋涡

恒星爆发

涡状星系旋臂上大量的红色团块是与恒星诞生相关的发射星云。

M51 是第一个被观测到的旋涡星系。它是由一位热爱天文学的爱尔兰贵族威廉·帕森斯（William Parsons）于 1845 年发现的，并附图加以说明。在同一分类中，他还列举了其他几个“星云”,这些“星云”的星系本原直到近一个世纪才被揭晓。

其他的观测方式

左侧图像显示的是 X 射线观测下的小 M51b 和 M51，由于超大质量黑洞产生的强烈辐射，它们的核心很突出。右侧图像显示了在红外线观测下，旋臂周围恒星诞生最多的区域。这些图像分别由钱德拉 X 射线天文台和斯皮策空间望远镜拍摄。

深入 M51

在这张 M51 核心的特写照片中，可以看到发射星云中的一些单个恒星，其中大多数是年轻的蓝巨星。

宇宙深处

我们利用哈勃空间望远镜拍摄到大熊座一片有数千星系的区域的标志性图像，这些星系中有一些甚至是数十亿光年之外的星系，即所谓的哈勃深场。

1995 年 12 月 18 日至 28 日，哈勃空间望远镜总共拍摄了 342 张照片，合成了“哈勃深场图像”。照片覆盖了大熊座 2.6 角分的一小片区域，这一范围相当于将一个网球放在距离观测者 100 米的地方时，该网球在整个观察区域中所占的大小。在照片中发现了 3 000 多个天体，其中大多数是星系。

高分辨率照片

多亏了这些照片，人们得以了解到许多关于原始宇宙的数据，因为它所捕捉到的一些来自最弱星系传播到地球的光，已经在宇宙中传播了 100 多亿年。例如，人们发现在宇宙的早期阶段，有更多的不规则星系，星系间的相互作用比今天频繁得多。2004 年，在天空的另一片区域，即南半球天炉座，哈勃空间望远镜拍下了一幅更为深入的图像——哈勃极深场。

哈勃空间望远镜

哈勃空间望远镜自从 1990 年 4 月 24 日进入轨道以来，彻底改变了我们对宇宙的看法。它最大的直径为 2.4 米，高度近 600 千米，这使得它能够以前所未有的分辨率拍摄天空图像。

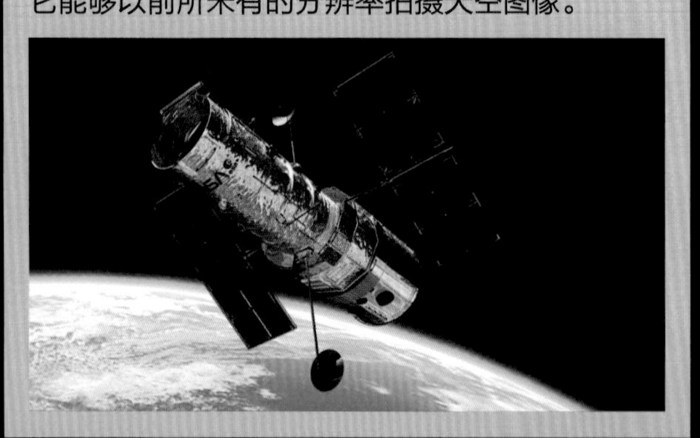

位置

哈勃深场是大熊座中一片远离银河系平面尘埃和气体的区域。

哈勃深场

早在 1995 年，人们就利用哈勃空间望远镜成功拍下了这张照片。哈勃空间望远镜的分辨率极高的照片中的每个点都对应着一个由数十亿颗恒星组成的星系。

术语解释

3α 过程　将 3 个氦核转变成 1 个碳核的一系列反应的过程。这个过程需要高温和大量的氦元素，这就是为什么它仅在较年老的恒星中发生，因为这些恒星几乎将所有氢都转化为了氦。

A

矮星系　指与其他“正常”星系相比较小一些的星系。矮星系大约包含正常星系中 1/10 的恒星。银河系的本星系群中，大多数星系都是矮星系。

暗星云　暗星云的密度足以遮蔽来自背景天体所发出的光，它的温度极低，以至于不能发出可见光。它通常位于分子云最寒冷、最稠密的区域，并且是恒星和行星形成的重要中心之一。通过其他波段的电磁波（如红外线或射电波）可以研究隐藏在暗星云中的物质。

B

白矮星　是一种低光度、高密度、高温度的恒星。因为它的颜色呈白色、体积比较矮小，因此被命名为白矮星。白矮星是演化到末期的恒星，主要由碳构成，外部覆盖一层氢气与氦气。

变星　指在地球上观测到的亮度不断变化的恒星。这种变化可能是恒星发射出的光的变化，或是从地球角度观测到的光被遮挡住了。通过变星，我们可以获得如银河系直径这样有价值的信息。

波长　波在一个振动周期内传播的距离。波长是波的特性之一，也就是相邻两个振动位相之间的距离。比如可见光，它的波长和颜色相关。蓝光波长较短，红光波长相对较长。

C

超大质量黑洞　在宇宙中可以发现的最大的黑洞。它们的质量可能是太阳的数十亿倍。尽管它们的形成过程仍然是个谜，但有迹象表明它们可能是恒星级黑洞通过吸积物质演化而来的。

超巨星　超巨星的质量至少是太阳质量的 8 倍，并且消耗了其核心的所有氢。同时，它会迅速膨胀并开始在内部进行氦和其他元素的核聚变过程。它是在宇宙中可以观测到的质量最大、最明亮的恒星之一。

超新星爆发　大质量恒星演化结束时发生的天文现象。尽管可能有不同的机制导致这种现象，但总的来说，这是一种能量极高的现象，可以摧毁恒星的全部或大部分物质。超新星爆发之后，可能留下一个由中子组成的致密核（中子星），或者，如果核区质量足够大，也可以演变成一个黑洞。

超新星遗迹　大质量恒星发生超新星爆炸后产生的结构。超新星抛出的物质随冲击波一起膨胀，并且在向外传播过程中聚集星系介质，两种物质共同组成了超新星遗迹。

F

发射星云　由电离气体形成的星云，能发出不同颜色的光。电离源通常是附近的一些恒星或星团。由生命走向尽头的恒星产生的新恒星形成区域和行星状星云通常都属于发射星云。星云所发出的颜色取决于气体的组成和电离状态。其中，最常见的是由氢发出的红色。

分子云　是星际云的一种，它的密度和温度允许氢分子（H_2）形成。分子云内部是气体和尘埃更为密集的区域，当引力足够大时，可触发恒星的生成。

G

光度　在天文学中，它是天体例如恒星、星系等在一定时间间隔内辐射出的总能量。光度以瓦特或焦耳每秒为单位。一般用太阳光度作为参考，太阳的光度是 3.84×10^{26} 瓦特。可以根据恒星的大小和温度确定恒星的光度。

光年　光行进一年的距离，约 9.46 万亿千米。它是天文学中距离的标准度量之一，用于指示比我们在太阳系中发现的距离更大的距离。它与秒差距一样（相当于 3.26 光年），是最常用的度量单位之一。

光谱型　在天文学中，光谱型使恒星可以根据其电磁光谱的特征进行分类，这些特征指示了它们的温度和某些元素的丰度。我们使用字母 O、B、A、F、G、K 和 M 降序排列对其进行分类。O 型恒星是温度最高的恒星，而 M 型恒星是温度最低的恒星。

光学双星　从观测者的角度看，两颗恒星似乎属于一个双星系统，但实际上不属于同一引力系统。也就是说，由于它们在天空中的位置，使得它们看起来属于同一系统。

轨道倾角　天体轨道与恒星系统中所使用的参考平面的夹角。对于太阳系而言，参考平面为黄道面，与地球的公转轨道平面重合。水星的轨道倾角为 7°，它是绕日旋转的行星当中倾角最大的一个。月球的轨道倾角为 5°。

H

褐矮星　质量介于巨型行星和恒星之间的天体，因为它在形成过程中没有聚集足够多的物质来引发氢核聚变，所以也被称为“失败的恒星”。它的质量通常是木星的 13 ~ 80 倍。

黑洞 由致密的天体产生的具有强烈引力作用的空间区域，任何物质无法从其内部逃逸。尽管不可见，但黑洞的存在可以通过它对其他物质的影响或通过其附近的可见光推断出来。

恒星形成的爆发 星系中高于正常恒星形成速度的恒星形成事件。它通常是星系与附近天体相互作用的结果，例如与矮星系的碰撞。

红矮星 主序星中比较冷的小恒星。它的质量是太阳质量的 0.007 5 ~ 0.5 倍，表面温度不超过 4 000K。它是银河系中最常见的恒星类型，银河系中 3/4 的恒星都是红矮星。它的寿命极长，可以达到数十亿年。

红超巨星 宇宙中体积最大的一类恒星。红超巨星是恒星离开主序后的最后阶段之一。与红巨星不同，红超巨星继续进行比碳更重的元素的核聚变过程，直到最终爆炸为超新星。

红巨星 是恒星演化的最后阶段，体积巨大而质量较小。当恒星核心的氢被耗尽后，其外周会继续进行核聚变。在此期间，恒星的半径可以达到太阳的 200 倍。

黄道 指两个不同的概念：一方面，指的是太阳在其一年的天球运动中描绘出的圆形路径；另一方面，指的是地球绕着太阳运动的轨道平面。黄道可以作为太阳系中其他天体的轨道倾角的参考。

I

Ia 型超新星 双星系统中白矮星产生的爆炸。白矮星从其伴星吸收物质并积累，当超过约 1.44 倍太阳质量的极限时就会产生剧烈爆炸。在爆炸中，两个恒星都可能被摧毁，或者白矮星会变成中子星。如果该过程不够快且未达到 1.44 倍太阳质量的极限，则白矮星会以超新星的形式爆炸。

J

角分 天文学中一种常用的角度测量单位，经常用来表示天体在天空中的位置。相当于 1/60 度。也就是说，1 度等于一个圆的 1/360，因此组成一个圆的 360 度等于 21 600 角分。

巨星 半径和亮度明显大于太阳的恒星，这些恒星在消耗了核中的所有氢之后，已经离开或正在离开主序带。有时，该术语也适用于主序阶段中的大质量恒星。

绝对星等 它被用来测量那些不知道离我们有多远的天体的光度。为了达到这个目的，我们计算了假设当天体位于距离太阳系 10 秒差距（32.6 光年）的地方，从地球上看它们的光度。这个数值是相反的：星等的值越小，物体就越亮。

M

脉冲星 一种快速自转的中子星，在两极处向外喷发出很强的辐射。当辐射束在旋转过程中扫过地球方向时，人们便能探测到周期性的脉冲信号，其行为仿佛是宇宙中的灯塔。有些脉冲星每秒自转多达数百次。

目视双星 属于同一引力系统的一组恒星，可以借助望远镜进行区分。一般来说，最亮的恒星被认为是这个系统的主星，而另外一颗恒星则是它的伴星。

O

OB 星协 光谱型为 O 型或 B 型的年轻恒星组成的星群，其成员之间略有引力作用。银河系中的大多数恒星可能都以这样的形态诞生：在孕育它们的星云层消失后，星协的成员开始向整个星系扩散。OB 星协的寿命一般在几百万年。

Q

球状星团 球形的恒星群，像卫星一样绕银河系的中心旋转。它通常由成千上万颗老恒星组成，由强烈的引力聚在一起。在银河系中已观察到的球状星团约有 150 个。

S

食双星 这是一组恒星，从观测者的角度来看，当一颗恒星从另一颗恒星前面经过时，会出现周期性的食现象。最著名的食双星大陵五是一个三重系统，其中两颗恒星的轨道周期略少于 3 天，经常发生食现象。

视差 从两个不同位置观察同一物体时，它相对较遥远物体有明显的位置表观移动。在天文学中，这一概念被用于测量遥远天体的距离。1 秒差距表示具有 1 角秒视差角的距离，即 3.26 光年。

视星等 从地球上用肉眼所观测到的天体亮度，也被称为相对星等。视星等的数值大小与亮度成反比，可以取负数，数值越小，其亮度越大。天狼星是夜空中最亮的恒星，其视星等约为 −1.4。

疏散星团 在同一分子云内部形成，由数百颗或数千颗年轻恒星组成的天体。疏散星团在最初形成的几百万年中，由于恒星之间的引力吸引而结合在一起，随着时间的推移，由于与银河系中其他恒星和星团相互作用而逐渐消散。银河系中已发现超过 1 000 个疏散星团。

T

天球 以地球为中心的抽象球体。可以将天空中的所有物体理解为好像它们都投影到球体的内表面上。这在天文学中是一个有用的工具，因为没有关于我们与它们之间实际距离的准确信息，所以看上去所有的天体似乎都离我们一样远。

椭圆星系 指具有椭圆形状的一类星系。它的特点是在中心区域周围没有任何类型的组织或结构。它的大多数恒星都在随机轨道上运行。椭圆星系是宇宙中可以观测到的最常见的星系类型之一，其恒星通常要比旋涡星系的恒星年长得多。

X

仙女星系 距离银河系 250 万光年的旋涡星系。它是因为所在星座的名字而被命名的，是距离我们最近的旋涡星系。根据斯皮策望远镜在 2006 年所做的观测，估计它包含大约 1 万亿颗恒星，是银河系估计的 1 000 亿 ~ 4 000 亿颗恒星的两倍多。此外，它的直径约为 22 万光年，因此大约是银河系的两倍大。预计它将在大约 40 亿年后与银河系相撞，并且两者将形成一个椭圆星系。

小行星 小行星是指在太阳系中的小天体。科学家们猜测它们是古代微行星的遗迹，这些微行星没有积累起足够的物质来聚合成长为行星。大多数小行星都位于木星和火星之间的小行星带。

小行星带 它是一个位于火星和木星轨道之间的星周盘（即围绕太阳旋转的碎屑堆积而成的密集区域）。它包含许多小行星，其质量只有月球质量的 4%。大部分质量集中于四个天体：矮行星谷神星，还有小行星灶神星、智神星和健神星。

星风 来自恒星外层的荷电粒子流。它通常由电子、质子和其他粒子组成。它是许多现象的原因，比如彗星的彗尾和极光，后者是电离层加热的结果。

星际尘埃 来自古老恒星的残骸，由存在于恒星系统之外的太空中的微小粒子组成。对它们的研究有助于我们更好地了解恒星的演化。一般而言，所有这些粒子都被称为宇宙尘。

星际介质 组成星系的恒星之间的空间。可能被气体、灰尘和宇宙线占据，产生新恒星的分子云也处于这个区域。旅行者 1 号是第一个到达星际介质的航天器。

星团 一群恒星由于自身引力作用束缚在一起，叫作“星团”。可分成两大类型：球状星团，由古老恒星组成的巨大恒星群（恒星数量从一万到数百万颗不等），其恒星年龄大约有 110 亿年的历史；疏散星团，它只包含几十颗年轻恒星。与球状星团不同的是，最终，疏散星团仅凝聚数百万年就会散开，其中所有的恒星在诞生之初就已成团。

星系臂 从旋涡星系中心延伸出来的由恒星、气体和尘埃组成的旋涡状结构。它们是旋涡星系外形的主要特征。银河系也具有旋臂，太阳系位于它其中的一条旋臂上，称为猎户臂，有时也称为本地臂。

星系核球 紧密聚集的一群恒星，一般是指很多旋涡星系（如银河系）中心的明显突起。星系核球是更小结构合并的结果，在其中心处通常存在一个超大质量的黑洞。

星云 星际空间中的气体和尘埃云。绝大多数星云是星系中的恒星形成区，但是该术语也用于定义恒星演化晚期所抛出的气体壳层，被称为行星状星云。

星组 星组通常十分明亮，夜空中肉眼即可观测到。它们或者是来自不同星座的恒星组合，如“夏季大三角”，由大鹅座的天津四，天琴座的织女星和天鹰座的牛郎星（也称河鼓二或牵牛星）组成，或者是来自较大星座的一些恒星，如北半球夏季最常见的星组战车，它由北斗七星中最亮的恒星组成。

星座 天空中不同区域恒星通过组合而虚构出来的一些可识别的形象。它们通常代表神话中的动物和生物以及英雄和不同的神灵。整个地面天球可划分为 88 个现代星座，分别代表了 42 种动物、29 个无生命的物体和 17 个神话生物。

行星际空间 也被称为“行星际介质”，它是一个行星系统中的介质，构成行星系统的不同天体（如行星、小行星或彗星）会在其中运动。它通常由宇宙射线、来自恒星的等离子体和尘埃组成。这个空间和磁场（比如地球磁场）之间的相互作用，可以引起极光等现象。

行星状星云 由走到生命尽头的太阳型恒星将其外壳抛射到太空中后形成的星云。在这之后，恒星残留的核心照亮行星状星云，并使它看上去像一片发射星云。

旋涡星系 星系的一种，因为具有从星系的中心向星系的盘面螺旋形延伸的臂状结构得名。多数旋涡星系都有围绕中心旋转的盘，其组成为恒星、尘埃和气体。旋涡星系的中心区域较为密集，具有数量繁多的天体。和椭圆星系不同，旋涡星系包含的多是年轻的恒星。

X 射线 一种高能辐射，但略低于伽马射线。它是由温度超过 100 万摄氏度的天体发出的。因为地球大气层会吸收 X 光，所以，它们的研究只能在太空中进行。

Y

银晕 它是一个大致球形的区域，超出了银河系的可见部分，主要由稀疏的星际气体、古老的恒星和暗物质组成。

引力坍缩 天体在自身引力作用下收缩的一种机制。它既引发了分子云内部高密度区域的恒星形成，也是恒星最后坍缩的原因。当它耗尽在形成过程中所积累的燃料时，聚变产生的压力消失，恒星也在自身引力作用下坍缩。此后产生的天体取决于恒星的初始质量。

原恒星 仍在从分子云中吸收质量的年轻恒星。这是恒星演化过程的第一阶段，其持续时间决定了成熟之后的大小，太阳的原恒星阶段持续了100多万年。它始于分子云中物质的坍缩，核聚变开始就代表原恒星阶段的终结。

Z

造父变星 一种可变的恒星类型，它的直径和温度会有规律地变化。因此，它会在一个非常明确和稳定的时期内产生亮度的变化。此外，变异性周期与这些恒星的固有亮度有关。因此，它们被用作标准烛光，以测量到我们银河系和其他邻近地方（包括仙女星系和麦哲伦云）的距离。它的名字来源于1784年被发现的第一颗此类恒星——造父一。

中性氢区和电离氢区 星际介质中的星云由中性氢（HI）或电离氢（HII）组成。像银河系一样，中性氢区域对于确定旋涡星系的结构起关键作用。而在电离氢区，恒星形成非常普遍。旋涡星系中分布着大量电离氢区域。

中子星 当恒星的质量是太阳质量的8倍以上（上限大约是太阳质量的20～25倍）时形成的恒星遗迹。消耗掉核心中的所有物质后，恒星会爆炸成为超新星，并将其外层抛入太空。随后，恒星核发生引力坍缩，引力压缩电子和质子，直到它们结合成为中子。中子星尽管直径很小，只有几十千米，但它是宇宙中密度最大的物体之一。

紫外线 电磁波谱辐射的一种。它的波长比可见光的波长短，但比X射线的波长长。太阳发出的能量中大约有10%是紫外线辐射。

自转轴 天体自转的假想轴。对于地球和太阳系中绝大多数行星来说，自转轴与表面交于两极。根据行星公转轨道平面的不同，自转轴指向可能会随时间发生变化。

图片来源

封面

Paul Beskeen; Contraportada: (上) Babak Tafreshi/Science Photo Library; (左下) Archivo RBA; (右下) Bruce Balick (Univ. of Washington)/Jason Alexander (Univ. of Washington)/Arsen Hajian (U.S. Naval Observatory)/Yervant Terzian (Cornell University)/Mario Perinotto (Univ. de Florencia)/Patrizio Patriarchi (Observatorio Arcetri)/NASA;

内文

3: Mark A. Garlick; 4-5: Mark A. Garlick; 6-7: Babak Tafreshi/Science Photo Library; 8-9: Babak Tafreshi/Science Photo Library; 10-11: Juan William Borrego Bustamante;

12-13: Kaustav Ghose; 14-15: Panda~thwiki; 16-17: Felipe García Mora; 18-19: Aleksandra Alekseeva/123rf; 18: (Etamin) Archivo RBA; 18: (天市右垣一) Archivo RBA; 19: (北极星) Giuseppe Donatiello; (北斗五) Archivo RBA; (大角) Mikulski Archive for Space Telescopes (MAST)/STScI/NASA; 20-21: Aleksandra Alekseeva/123rf; 20: (蝎虎座α) David Ritter; 21: (天津四) Archivo RBA; (织女星) Courtesy NASA/JPL-Caltech/Univ. of Arizona; (牛郎星) NASA/JPL/Caltech/Steve Golden; (齐增五) Jeffjnet; 22-23: Aleksandra Alekseeva/123rf; 22: (天船三) Roberto Mura; (刍藁增二) Margarita Karovska (Harvard-Smithsonian Center for Astrophysics) / NASA; 23: (仙后座γ) Neil Michael Wyatt; 24-25: Aleksandra Alekseeva/123rf; 24: (星宿一) Wikimedia Commons; (天猫座α) Archivo RBA; 25: (五车二) Archivo RBA; (参宿四): ALMA (ESO/NAOJ/NRAO)/E. O'Gorman/P. Kervella; (参宿七) Archivo RBA; (南河三) Akira Fujii; 26-27: Aleksandra Alekseeva / 123rf; 26: (角宿一) Archivo RBA; 27: (北河二) NASA; (北河三) NASA; (轩辕十四) Archivo RBA; (毕宿五) Archivo RBA; 28-29: Alan Dyer/Stocktrek Images;

30-31: ESA/Hubble/NASA; 32-33: Jeff Dai / Science Photo Library; 33下: NASA/ESA/HST, G. Bacon (STScI); 34-35: Mark A. Garlick; 36-37: Gerard Lodriguss / Age Fotostock; 36: (NGC 7000) Oliver Stein; (IC 1318) Erik Larsen; (天鹅座X1) ESA; 37: (M57) Hubble Heritage Team (AURA/STScI/NASA); (M27): NASA/Hubble Heritage Team (AURA/STScI); (M71): Archivo RBA; (卵形星云): ESA/Hubble/NASA; 38-39上: Davide de Martin / Science Photo Library; 38-39下: ESA/Herschel/PACS/L. Decin et al.; 39下: IOTA/Lacour et al.; 40-41: Felipe García Mora; 42: (M39) Archivo RBA; 42-43: (梅洛特20星团) Archivo RBA; (蜂巢星团): Miguel García; 43: (IC 348) DSS; (NGC 6633) Archivo RBA; 44-45: Alan Dyer / VWPics / Alamy Stock Photo; 46-47: Davide de Martin / Science Photo Library; 47下: Cristian Cestaro/Shutterstock; 47 (细节): Smithsonian Institution; 48-49: (1) Sloan Digital Sky Survey; (2) ESA/Hubble & NASA, G. Piotto et al.; (3) ESA/Hubble & NASA; (4) Ngc1535; (5) ESA / Hubble & NASA; (6) ESA / Hubble & NASA; 50-51: T. A. Rector (Univ. of Alaska Anchorage)/H. Schweiker (WIYN & NOAO/ AURA/NSF);

52-53: Space Telescope Science Institute/Hubble Heritage Team (AURA/STScI/NASA); 54-55: NASA/JPL-Caltech/UCLA; 54 (IC 1848): ESA/Herschel/NASA/JPL-Caltech; 55 (NGC 896): Jschulman555; (梅洛特15) Archivo RBA; 56-57: MPIA-HD, Birkle, Slawik/Science Photo Library; 58-59: Paul Beskeen; 59 (La Trompa): NASA/JPL-Caltech/W. Reach (SSC/Caltech); 60-61: (1) NASA/JPL-Caltech/J. Hora (Harvard-Smithsonian CfA); (2) Science History Images/Alamy; (3) NASA/ESA/Andrew Fruchter (STScI) / ERO team (STScI+ST-ECF); (4) Bruce Balick (Univ. of Washington)/Jason Alexander (Univ. of Washington)/ Arsen Hajian (U.S. Naval Observatory)/Yervant Terzian (Cornell University)/Mario Perinotto (Univ. de Florencia)/Patrizio Patriarchi (Observatorio Arcetri)/NASA; (5) Bruce Balick (Univ. of Washington)/Jason Alexander (Univ. of Washington)/Arsen Hajian (U.S. Naval Observatory)/Yervant Terzian (Cornell University)/Mario Perinotto (Univ. de Florencia)/Patrizio Patriarchi (Observatorio Arcetri)/NASA/ESA; (6) J.P. Harrington & K.J. Borkowski (Univ. of Maryland)/NASA; (7) Space Telescope Science Institute/Hubble Heritage Team (AURA/STScI/NASA); (8) Gemini Observatory; 62-63: Mark A. Garlick; 63 (行星状星云): ESO/I. Appenzeller/W. Seifert/O. Stahl; 64-65: Aleksandra Alekseeva/123rf; 64: (Cassiopeia A) NAS/JPL-Caltech; (Velo): NASA/JPL-Caltech; (W50): NRAO/AUI/NSF, K. Golap, M. Goss/NASA's Wide Field Survey Explorer (WISE); (SN 1994D): NASA/ESA/Hubble Key Project Team/High-Z Supernova Search Team; 65: (SN 1993J) NASA/ESA/G. Bacon (STScI); (IC 443) Giovanni Benintende; (SN 2004dj): NASA/ESA; (M1) NASA/ESA/J. Hester/A. Loll (Arizona State University); (SN 1572) NASA/CXC/Rutgers/J. Warren & J.Hughes et al.; 66-67: Sascha Schueller;

68-69: NASA/ESA/Hubble Heritage Team (STScI/AURA); 70-71: Aleksandra Alekseeva/123rf; 70: (M31): R. Gendler; (M32) John Lanoue; (Enana de la Osa Menor) Giuseppe Donatiello; (Enana de Draco) ESA/Hubble/NASA; 71: (IC10) ESA/Hubble/ NASA; (狮子座 I) Scott Anttila Anttler; (狮子座 II) Giuseppe Donatiello; (NGC 147) Two Micron All Sky Survey; (M33) NASA/ ESA/M. Durbin, J. Dalcanton, & B.F. Williams (Univ. of Washington); 72-73: NASA/ ESA/J. Dalcanton, et al. & R. Gendler; 72: S. Murray/M. Garcia, et al.; 74-75: (1) NASA/Hubble Heritage Team (AURA/STScI); (2) NASA/ESA/Hubble Heritage (STScI / AURA); (3) ESA/Hubble/NASA; (4) ESA/Hubble/NASA; (5) ESO/P. Grosbøl; (6) ESA/Hubble/NASA/ C. Sarazin et al.; 76-77: ESO; 78-79: Tony & Daphne Hallas/Science Photo Library; 79左上: Ken Crawford; 79左下: ESO; 79下: ESA/ Hubble / NASA; 80-81: ESA/Hubble/NASA; 80: (NGC 3077 y NGC 2976) ESA/ Hubble/ NASA; (NGC 2959 y NGC 2961) Donald Pelletier; 81: (NGC 3027) Donald Pelletier; (M82) NASA/JPL-Caltech/STScI/CXC/UofA/ESA/AURA/JHU; (NGC 2985) Judy Schmidt; (M81) Ken Crawford; 82-83: NASA/Hubble Heritage Team (STScI); 83左下: Lord Rosse; 83中下: NASA/CXC/ Caltech/M. Brightman et al.; 83右下: NASA/ JPL-Caltech / R. Kennicutt (Univ. of Arizona); 84-85: NASA/ESA/S. Beckwith (STScI)/Hubble Heritage Team (STScI/AURA); 86-87: Babak Tafreshi/ Science Photo Library; 86下: ESA; 87下: R. Williams (STScI)/Hubble Deep Field Team & NASA / ESA.